蔬食,是一切的答案

蔬食習慣卻容易許多

只要在你的日常飲食中增加蔬菜的攝取量，

就能充分讓你變得更美更健康。

無須大幅改變日常生活，唯一要做的就是增加蔬菜攝取量。

何不現在就開始「蔬食習慣」？

蔬食,是一切的答案

顛覆素食印象的美味食譜!
一天增加一點蔬果,就能改變99%的皮膚與體況問題

洪性蘭——著

素食很難

要我們放棄最愛飲食，絕對是件難事。

就算我們下定決心改變飲食習慣，但卻難以維持一輩子。

現在起，請你不要再勉強自己。

你好。

我是蔬菜營養師洪性蘭。

每當我向大家介紹自己是「蔬菜營養師」時，

最常聽到的就是「你是素食主義者嗎？」

雖然我的工作是向大眾傳遞蔬果的價值與各種活用法，

但其實我並不是素食主義者。

相反的，以前我不僅不愛吃菜，甚至還是「高鹽飲食」愛好者，

除了在吃已經很鹹的炸雞時，還要另外沾點鹽再吃，

也很愛吃速食食品，一天甚至要吃上兩餐泡麵。

（而且煮泡麵時，加入的水還比建議量少）

雖然我一年365日天天都在挑戰各式各樣的減肥法，

但因為改不了飲食習慣，除了體重居高不下，身體也一直水腫，

身體總是感覺沉重。

後來我看到別人幫我拍的照片以後，對自己的體態大吃一驚。

一直以來，我總以為鏡子前的我依舊苗條，但看了別人幫我拍的照片後，

心裡大受衝擊：「天啊，我有這麼腫嗎？」

我心想，為了健康，可不能繼續這樣下去。

說起來，自從上了高中以後，舉凡單一食物減肥法、丹麥減肥法，

還是什麼藝人減肥法，沒有一樣我沒嘗試過的。

然而在過往那些經驗之中，我也了解到只要不嚴格執行，

不管怎麼減肥也回不到過往的模樣。

就在歷經諸多嘗試之後，我終於找到最簡單也最有效維持長久不變，

同時又能毫無負擔去實踐的健康飲食習慣，

那就是增加蔬菜攝取量。

基本上，我會吃我想的東西，

視情況也會出外聚餐或飲酒，

但每一次進食時，我會大量食用蔬菜。

換句話說，我只是在平常的日常習慣中，「增加蔬菜的攝取量」。

我所做的就只有這麼一件事，然而卻讓我身體的沉重無力和疲憊感消失，

飲食口味也恢復到健康的狀態。

（也許你會覺得這太困難，但請你務必嘗試進行一個禮拜，必定會同意我

所說的。）

這本書收錄了在我多方嘗試下，所得到的「日常攝取蔬菜之訣竅」，

以及「大量攝取蔬菜的簡單料理食譜」，

希望能對有如以前的我那樣「需要改變自己」的讀者們，

成為一個「小小但重要的契機」。

contents

PART 1.　　　　　　溫和的蔬食生活

16　　溫和的蔬食：需要一點變化？

18　　所以，你需要的是蔬食習慣

19　　你需要攝取蔬菜的理由：排除多餘鈉成分的鉀

20　　蔬食效果：3週後將在你身上發生的事

21　　關於蔬食的偏見

PART 2.　　　　　　開始，改變口味的第一週

28　　水：每日必需飲用品——改變飲水習慣

30　　每日攝取1.5公升開水的方法

31　　不要隨便喝水

33　　蔬果礦泉水介紹

34　　Plus note 蔬果礦泉水。飲用前須知

36　　Recipe 需要維他命C時，黃瓜＋柳丁＋檸檬水

38　　Recipe 需要解除體內疲勞時——水芹＋蘋果＋檸檬水

40　　Recipe 覺得消化不良時——紫甘藍＋奇異果＋檸檬水

42　　Recipe 也可透過蔬菜攝取鈣質——甜椒＋羽衣甘藍＋葡萄柚水

44　　Recipe 對於防止老化有卓越效果——番茄＋萵苣＋橘子水

46　　Recipe 暖身才能使身體強健——生薑＋韓國芝麻葉＋鳳梨水

48　　Recipe 晨起欲維持輕盈感時——可將食物纖維加入芹菜＋蘋果＋檸檬水

50　　Recipe 保護支氣管與消化器官——白蘿蔔＋韭菜＋葡萄柚水

52　　Recipe 易浮腫體質——南瓜＋生菜＋小番茄水

54　　Recipe 攝取鐵質以預防貧血——紅蘿蔔＋青椒＋柳丁水

56　　早晨：眼睛睜開後，最先喝的飲料——改變早晨的習慣

58　　如果只能選擇一樣食物的話，那麼就選擇香蕉

59　　忙碌的早晨不妨就來杯果汁？

60　　Plus note 早安健康果汁，研磨前須知

62　Recipe 用一杯果汁為自己補充元氣——甜椒＋番茄＋蘋果汁

64　Recipe 促進腸道蠕動——結球甘藍＋紅蘿蔔＋柳丁汁

66　Recipe 帶給減肥者飽足感的一餐——蒸地瓜＋牛奶＋肉桂奶昔

68　Recipe 維持腸道與支氣管的健康——萵苣＋梨子＋優格奶昔

71　開啟暖洋洋的早晨時光——湯品

72　Recipe 低卡營養湯飲——青花椰菜濃湯

74　Recipe 清淡又爽口——馬鈴薯濃湯

77　想要振作精神時，不妨來道蔬菜蓋飯？

78　Recipe 只要淋在飯上即可——韓國芝麻葉嫩豆腐蓋飯

80　Recipe 滑嫩炒蛋蓋在飯上的好滋味——韭菜雞蛋蓋飯

82　Recipe 讓人胃口大開的好味道——茄子辣椒蓋飯

84　超市：常去的地方，改變超市購物的習慣

86　去超市時，就只逛三個地方

87　你叫什麼名字？

88　購買新東西的喜悅：從未購買過的5種陌生超市蔬菜

92　對女孩子們身體好的5種蔬菜

PART 3.　　拿來當小菜吃已經是很久以前的事了！大量攝取蔬菜的方法

102　研磨：全部放進調理機研磨以後，就可以作為一餐

104　Recipe 食用不喜歡吃的蔬菜——紅蘿蔔咖哩

106　Recipe 溫暖又健康的一碗——番茄濃湯

108　Recipe 5分鐘速成美味飯食——醬豆腐蓋飯

110　Plus note 冷壓機vs果汁機，該買哪個好？

111　意外地很適合研磨飲用的美味蔬菜

112　Recipe 包肉生菜也可研磨飲用——包肉生菜汁

114　Recipe 保持年輕又乾淨的血管——牛蒡奶昔

116　Recipe 減緩體內發炎——茼蒿果汁

118　Recipe 將老廢物質排出體外——青椒果汁

120　煎烤：可像火腿一樣煎烤食用的蔬菜

122　Recipe 茄子的新發現——烤茄子

124　Recipe 擁有烤馬鈴薯香氣——烤山藥

126　Recipe 清爽高雅的味道——烤蓮藕

128　Recipe 適合搭配肉品食用——烤南瓜

130　Recipe 營養炸彈——烤蒜苗

132　減少用油煎烤的訣竅

133　適合搭配蘸用的醬料

134　Recipe 可用來替代美乃滋——優格起司醬

136　Recipe 順口好滋味——芝麻醬

138　Recipe 清爽不膩口——柚子醬

140　切成小塊：不知不覺間就能攝取每日所需蔬菜量

142　Recipe 一次使用一整袋菌菇——金針菇肉排

144　Recipe 活用零碎蔬菜——蔬菜烘蛋

146　Recipe 活用一整顆萵苣——山藥萵苣煎餅

149　不使用鹽的調味法

150　全部使用：不要浪費食材，全部都予以食用

152　羽衣甘藍 一袋

153　甜椒 一袋

154　南瓜 一個

155　洋蔥 一個

156　番茄 一袋

157　小黃瓜 一條

158　結球甘藍 一顆

159　青花椰菜 一個

PART 4.   於日常生活中培養對身體有益的蔬食習慣

166   外食：無須抗拒或躲避，只需要改變飲食習慣

168   那些幫助我們在外食時，也能保持健康的習慣

170   酒：喝酒也不會致胖的飲食習慣

172   泡出蔬菜營養成分的酒

173   適合獨飲時搭配的下酒菜食譜

174   Recipe 滑嫩甜口的波菜炒蛋

176   Recipe 像烤牛肉那樣煎烤食用，燒烤雞胸肉茄子

178   Recipe 高級料理的滋味，炒蝦仁蘆筍

180   Recipe 清淡爽口，蜜漬生栗小番茄

183   如何解酒？

184   Recipe 有助肝臟解毒──韭菜＋蘋果汁

186   Recipe 有效解渴──波菜＋梨子汁

188   Recipe 為疲憊的身體補充元氣──水芹＋柳丁汁

190   調味料與醬汁：你是否正吞下大量鈉成分？

193   兼顧健康與美味！

196   零食：這世界上也有有益健康的零食

199   幾個良好的零食享用習慣

200   Recipe 高蛋白零食──水煮黑豆

202   Recipe 卡滋卡滋──蔬菜乾

204   Recipe 有助暖身──蔬果茶

附錄   210   蔬果保存法：冷凍與前置

214   洗滌、處理、保存法

PART 1

溫和的蔬食生活

溫和的蔬食

需要一點變化？

你是否明知道該為自己的飲食生活做出一點變化，卻礙於時間繁忙或不擅料理等原因，而遲遲無法開始進行？其實，不用勉強自己，也能養成健康的飲食習慣，與此同時，你更能輕鬆無負擔地認真落實。你所需要做的只是在平日的飲食中，提升蔬菜的攝取量，如此一來，就能輕輕鬆鬆開始蔬食生活。

所以，你需要的是蔬食習慣

所謂的「蔬食習慣」，就是在日常生活中自然而然培養起食用蔬果的習慣。習慣是一種無須刻意，也能自然反覆進行的行動，如果我們能自然地攝取大量蔬果，那麼該有多好？這樣一來，我們就能輕鬆地讓自己一天天變美、變健康。請你就從今天開始活用輕鬆攝取大量蔬果，並享用蔬果美妙滋味的方法，來培養良好的蔬食習慣。

你需要攝取蔬菜的理由：排除多餘鈉成分的鉀

蔬菜擁有維他命、蛋白質、鈣質、食物纖維等豐富的營養成分。我之所以會大力推薦忙於工作的都會居民們多多攝取蔬果，就是因爲能補充「鉀」這個營養。鉀能幫助我們排除體內的鈉，爲了吸收鉀成分，比起低鹽飲食，大量攝取蔬果是更爲容易達到的目標，哪怕飲食品項沒有更動，只要能夠攝取更大量的蔬果，就能有效幫助排除體內鹽分與老廢物質，從結果上而言，相當於我們進行了更健康的飲食。

蔬食效果：3週後將在你身上發生的事

你將會聽到肌膚變好的讚美

大量攝取蔬果所帶來的第一個變化，就是肌膚。原本暗沉無光的肌膚將會變得充滿明亮有光彩，而且也會讓痘痘粉刺消失。

身型變得苗條

體重會隨之下降。當你養成大量攝取蔬食的習慣以後，就算體重沒有顯著下降，旁人也會感覺到你變瘦，這是因為身體水腫消失之故。此時，尤以下巴線條與肩線會變得更加柔順，肉眼即可感受到變化。

晨起時，身體變得輕盈

在養成蔬食習慣以後，早上起床時，身體將會變得輕盈，身上宛如被大石壓著的沉重感都會消失不見，而且頭腦和雙眼也會感覺特別清澈明晰，有助於你以最佳狀態開啟一日的行程，對你的工作自然也會有所助益。如果你懷疑「每天都這麼疲累，我是不是有慢性疲勞？」，請務必嘗試培養蔬食習慣，親身感受身體的變化。

照料自己的感覺是那麼的棒

提醒自己多多攝取蔬果，無啻於對自己吃下肚的東西精挑細選，並用心呵護自己的身體，請你好好去體驗這份喜悅。

關於蔬食的偏見

許多人對蔬果抱持著不少誤會與偏見，因此對蔬食拒而遠之。只要我們能一一對症下藥，嘗試做出改變，就能即刻開啟「蔬食習慣」。

「太貴了」

酪梨、藜麥、巴西里葉⋯

這些在電視節目或雜誌裡見到的陌生蔬菜價格昂貴，

確實造成了購買負擔，

但是像是南瓜、包肉生菜、金針菇等一袋約1000韓圜左右

（約台幣23元）的蔬菜，

不只便宜又垂手可得，一樣能幫助我們養成新鮮又健康的「蔬食習慣」。

（本書將以這些便宜且易取得的蔬菜為主）

「光想著得吃沙拉和素菜等，就覺得心酸」

其實，能夠盡享蔬食美味的方法遠超乎我們預期，

像是研磨成咖哩醬或蓋飯醬汁（P102），

以及像火腿那樣煎烤食用（P120），

或是切成小塊以後，鋪在肉排或白飯上享用（P140）⋯

本書收錄了各種蔬果的美味調理法。

（為不擅料理者也能輕鬆調理的簡單食譜）

「懶得處理，又難以保存」

買回來的蔬菜若是想等以後處理而晾放在一旁的話，

那麼之後肯定是不會有所處置的，

所以一定要在買回來的當天就全部吃完（P150），

或是選在週末採買，並將蔬菜按照平日食用分量均分以後，

每次要吃再取出料理。

本書不只收錄各種蔬菜的處理法與保存法，

亦收錄了每餐大量攝取蔬菜的訣竅。

「不好吃」

有許多人並不喜歡蔬菜軟爛的口感，以及獨特的菜味。

也因此，我在編寫本書時，特別多下了點工夫，

僅收錄偏食兒童也能大口享用的料理食譜。

例如：沒有軟爛的口感的煎烤茄子、爲了消除青椒與小黃瓜的菜味，

加入酸甜的柳丁與葡萄柚一同打成汁，就能提升果菜汁的美味。

"

「為了自己的健康，

何不現在就開始蔬食習慣？」

"

PART 2.

開始，改變口味的第一週

就從每天的飲食，以及每天會去的地方開始著手改變！

不管任何事情，只要一急就容易搞砸。

請你先放下「從明日開始就只能吃蔬菜過活，

才能達到瘦身效果」的焦慮感，

我們的目標並不是追求在短短的三四天或一個月內就要結束任務，

而是讓自己的身體養成「終生可實踐的蔬食習慣」。

　（「終生」聽起來似乎很可怕，但請不用擔心，我們並不會採取讓人

感到困擾或困難的方法。）

因此，我們可先從既不傷身，同時又能輕鬆執行的飲食習慣開始，

先試著執行一個禮拜。

至於訂立一個禮拜的原因何在？

這是由於體內細胞需時一週，才能跟上口味調整後的慣性。

就讓我們先從日常生活中最常執行的飲水習慣、晨間習慣，

以及超市購物習慣開始改變，

嘗試一週並感受身體變化。

水 ————

每日必需飲用品——改變飲水習慣

在第一個篇幅，我們要先來談談白開水。「又是老調重彈，要人多喝水是嗎？」我想肯定有許多人會覺得這是嘮叨，但飲水的重要則是不可不提。為了保持口味與體質的健康，白開水扮演了相當重要的角色，而充分攝取水分更是帶來無數良好效果，諸如：保持身體良好循環、淨化血液、預防便祕、有助減重、舒緩水腫、有助肌膚美容、提升基礎代謝率、舒緩壓力等等。

世界衛生組織（WHO）建議每人每日飲用1～2公升的白開水，不過因水分亦可透過飲食攝取，所以專家們通常建議大家每日飲用1.5公升白開水。若想將我們的口味調整為健康狀態，可先試著每日飲用1.5公升白開水，初步目標為期一週，大約到第3天左右，就可感覺身體水腫減消，體態也會變得較為輕盈。

每日攝取1.5公升開水的方法

有很多人沒有辦法多喝水，若只是盲目地告誡自己「必須多喝水」，那麼就會更有壓力，實踐起來更是不易。以下就整理了幾個幫助我們多喝水的訣竅：

· 請先捨棄「口渴再喝水」的想法，只有隨時喝水，才能幫助我們攝取充足水分。

· 每一天早上備妥1.5公升的水瓶，並放置在自己最常待的地方，如；辦公桌等處，然後為自己設立「下班前需喝光水瓶裡的水」，就能讓喝水像遊戲破關般有趣，進而幫助我們攝取充足水分。

· 待在家裡的時候，則常備水瓶和茶杯在梳妝台或電腦桌上，只要每次看到，就隨手喝上一杯開水。

· 外出時，請攜帶水壺出門。據說出門在外時，攜帶水壺與否的水分攝取差距很大，為了確保充足攝取水分，將開水裝入喜愛的水壺並隨身攜帶出門不啻為一種好方法。

· 不過，在餐廳用餐時，請勿喝太多開水，只需要在用餐前或用餐途中喝上少許潤喉即可。用餐途中若飲用太多開水，容易妨礙消化並使血糖上升，最好在用餐完畢30分鐘後，再開始喝水。

不要隨便喝水

開水裡含有鉀、鎂、鈣等礦物質，之所以建議大家多喝水，並不光是為了攝取水份，同時也是為了攝取各種礦物質。礦物質能和人體內的各種養分起相互作用，並強化免疫力，若體內礦物質不足，嚴重時，甚至可能危害生命，所以礦物質是人體內不可或缺的成分。

不是所有的水都有相同成分，大家可知道有些水幾乎不含礦物質，但也有些水則是富含礦物質嗎？市面上販售的各家礦泉水，都含有不同含量的礦物質，而每一家淨水機過濾出來的開水，其礦物質含量也有不同。濾水能力太強的淨水機，反而有可能把礦物質都過濾掉。

同樣是飲水，礦物質含量較高的飲用水對人體更好，建議可多飲用「海洋深層水」。由於是從海洋深處萃取，所以富含對人體有益的礦物質，其唯一缺點就是須另行購買，且價格較高，因此本書將傳授各位如何以較為經濟的方式攝取礦物質。

"
「只要有蔬果，
就能簡單製作出像海洋深層水
那樣富含礦物質的飲用水」
"

蔬果礦泉水介紹

這個章節裡，我們要利用蔬果來製作「蔬果礦泉水」。做法很簡單，只要將蔬果切成適當的大小，然後放入平常飲用的開水裡即可。是否相當簡單呢？

礦物質易溶於水，我們可以利用這個特性，將蔬果放入開水裡，並藉此攝取礦物質。裝有五顏六色蔬果的蔬果水不僅視覺效果美觀，看了也讓人心情愉悅。蔬果礦泉水已在包括日本在內的海外各國大受歡迎，並且在各大咖啡廳或超商廣泛販售。

本章節將介紹10道老少咸宜的美味健康蔬果礦泉水食譜，這也是沙拉、各種小菜以外，幫助你攝取礦物質的一種嶄新方式。當你熟悉食譜作法以後，你也可以按照自己的口味加以調整，無須死板進行，不管是加入自己喜歡的蔬果，還是隨手將冰箱裡現有的蔬果，都是很好的作法。

蔬果礦泉水。飲用前須知

1.開水份量以750ml為基準

請先照著食譜試作一份飲用，然後再繼續製作第二份，喝完兩份蔬果礦泉水即可達成每日飲水1.5公升的目標。

2.你可以這樣這樣飲用蔬果礦泉水

礦物質需要一段時間才能從開水中釋放出來，建議把蔬果裝入開水以後，約莫在20分鐘後開始飲用，浸泡用的蔬果可以一併食用。每次製作出來的蔬果礦泉水，最好在當日保持新鮮的狀態下飲用完畢。

3.蔬果的裁切斷面越大，越有助釋出營養成分

裁切蔬果時，請配合水瓶瓶口大小進行裁切，如果是經過折曲即可放入水平的食材，則稍微切的大塊一點也無妨，不過食材若是越大塊，則營養成分就越難以均勻釋放出來。另外，葉菜類最好不要用刀切段，盡量以手撕開，更有助於釋出營養成分。想要更快釋出養分的話，則可以在浸泡之前先用叉子叉出小孔。

4.盡可能保留蔬果外皮並一起浸泡

連著外皮一起浸泡，能防止蔬果快速軟爛，同時也能保有蔬果外皮的營養與香氣，不過要特別注意的是，外皮須清洗乾淨才行。各種蔬果的洗滌法，請參考P214。

5. 低血壓患者須調整份量

由於低血壓患者多有貧血，體質較爲虛寒，要是鈉成分攝取不足，對身體會產生不好的影響，建議在攝取蔬果礦泉水之前，先和醫生商討確認。

6. 體質過冷或過熱者，務必挑選適合自己體質的蔬果

蔬果有分寒性蔬果與熱性蔬果，較具代表性的寒性蔬果有芒果、西瓜、香瓜、地瓜、小黃瓜、梨子、草莓、香蕉、檸檬、鳳梨等，而熱性蔬果則有蘋果、韭菜、薑、韓國芝麻葉、山蒜、水蜜桃、紅棗、柳丁、馬鈴薯、紅蘿蔔等。

7. 經常感到胃酸不舒服者，請減少檸檬用量。

8. 不使用加工檸檬果汁，僅使用新鮮水果與新鮮蔬菜。

9. 在使用番茄或奇異果等容易軟爛的水果時，請挑選果肉較硬者。

10. 蔬果礦泉水並非特殊飲料，而是飲用水，無須給自己添增心理負擔，只要一如白開水般飲用即可。

Recipe

需要維他命C時 ——
黃瓜＋柳丁＋檸檬水

小黃瓜富含維他命C與鉀，有助排除體內的鈉，並補充水分。柳丁則含有高含量維他命C與葉酸，能幫助我們提升免疫力。檸檬亦富含維他命C，有助疲勞恢復與肌膚美容。

tip 裁切蔬菜時，蔬菜形狀無須完全切的和本書食譜一模一樣。不過，切記盡可能保持較大裁切斷面，才能幫助營養成分釋出。

材料 小黃瓜1/2條、柳丁1/2個、檸檬1/4個、水750ml

1　將小黃瓜切成厚約0.2~0.3cm的薄片。

2　也可以用刮刀（刮除馬鈴薯外皮的刮刀）削成長條。

3　柳丁連皮切成厚約0.2~0.3cm的半月形薄片。

4　檸檬連皮切成兩等分。

5　將所有材料放入開水中浸泡即可。

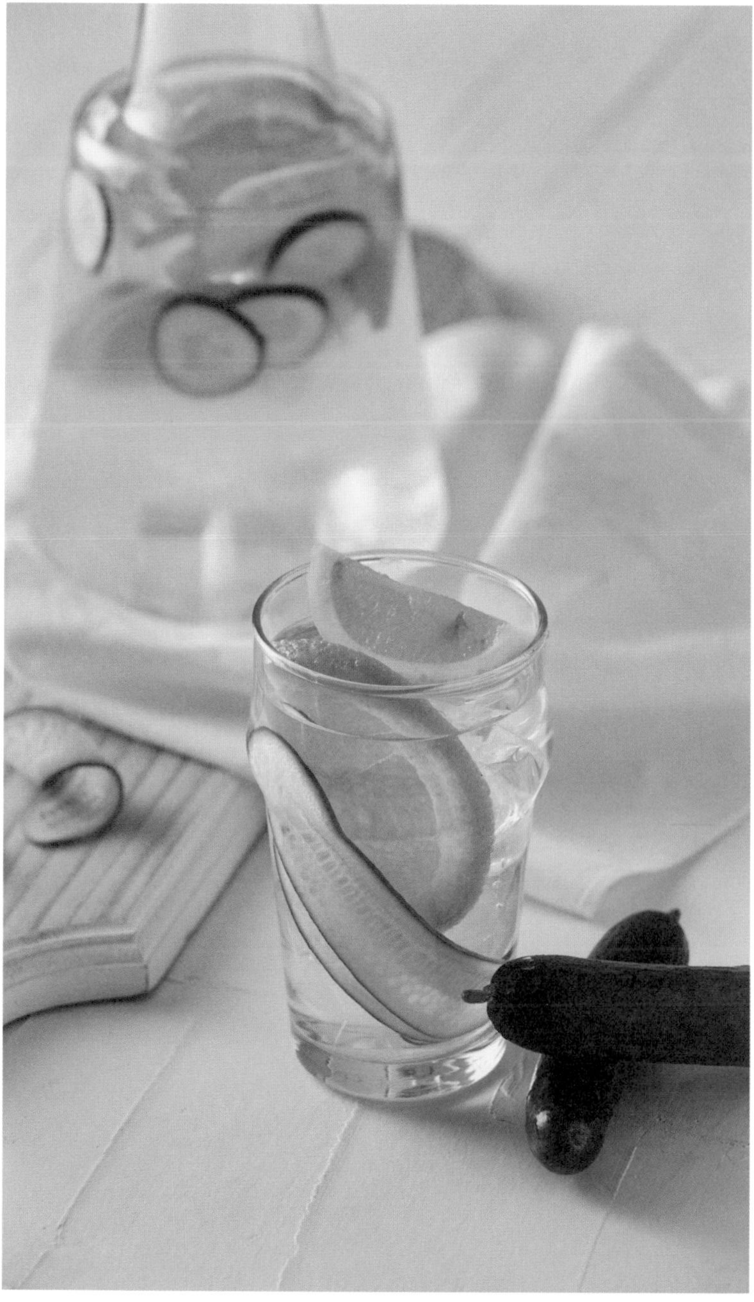

Recipe

需要解除體內疲勞時 ——
水芹＋蘋果＋檸檬水

水芹能夠淨化血液，幫助排出體內毒素。蘋果富含果膠、食物纖
維、鉀，有助排出體內的鈉。檸檬亦含有豐富礦物質，能夠幫助排
出體內老廢物質。

材料　水芹4根、蘋果1/2個、檸檬1/4個、水750ml

1　　將水芹連莖帶葉切成5cm長段。

2　　蘋果連皮切成厚約0.2~0.3cm的半月形薄片。

3　　檸檬連皮切成兩等分。

4　　將所有材料放入開水中浸泡即可。

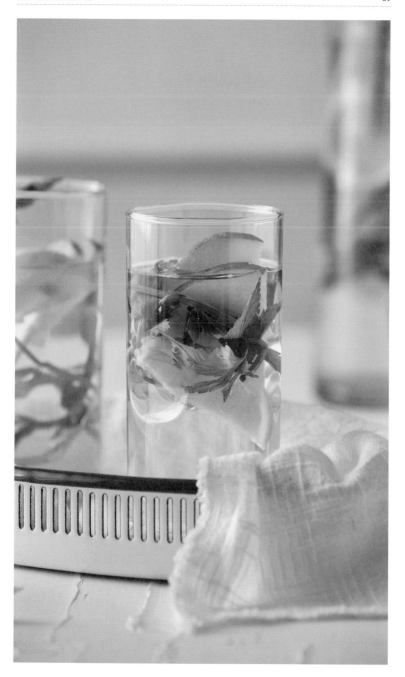

Recipe

覺得消化不良時 ——
紫甘藍＋奇異果＋檸檬水

紫甘藍具有抗氧化作用，並且有強胃功效，有助於胃腸消化。奇異果富含食物纖維、葉酸、鉀、各種維他命，能提升我們的免疫力。檸檬能夠維持體內的PH值平衡，有助於疲勞恢復與減重。

材料　紫甘藍2片、奇異果1個、檸檬1/4個、水750ml

1　　將紫甘藍切成0.5cm寬的細絲。
　　　亦可改用手將紫甘藍撕成長條。

2　　將奇異果去除外皮，然後切成0.5cm厚的的薄片。亦可改用黃金奇異果。
　　　由於奇異果果肉容易泡爛，若是切的太薄，則礦泉水會變得混濁不清
　　　澈，故選用果肉較硬的奇異果為佳。

3　　檸檬連皮切成兩等分。

4　　將所有材料放入開水中浸泡即可。

Recipe

也可透過蔬菜攝取鈣質──
甜椒＋羽衣甘藍＋葡萄柚水

甜椒富含維他命A和C、鐵、鈣等各種營養，羽衣甘藍則是含有豐富胡蘿蔔素與鈣質，不只有抗癌效果，更有助骨質健康。葡萄柚富含維他命C、鈣、鐵，不僅有助肌膚美容與骨質健康，也有益改善心血管疾病。

材料　甜椒1/2個、羽衣甘藍3片、葡萄柚1/4個、水750ml

1　　將甜椒切成0.5cm厚的片狀或長條狀。
　　　甜椒的顏色可隨喜好任意挑選。

2　　將羽衣甘藍切成0.5cm厚的片狀。
　　　連莖帶葉一起使用。

3　　葡萄柚連皮切成0.3cm厚的片狀。
　　　葡萄柚籽帶有澀味，建議去籽後再行浸泡。

4　　將所有材料放入開水中浸泡即可。

Recipe

對於防止老化有卓越效果 ——
番茄＋萵苣＋橘子水

番茄是礦物質與無機質的供給源，富含抗氧化物質，能有效防止老化。萵苣含有高含量的胡蘿蔔素、維他命C與E，可以抑制體內有害活氧的產生。橘子富含維他命C、果膠、抗氧化物質，能防止肌膚老化，並有助血液循環。這裡亦可用檸檬或葡萄柚來替代橘子。

材料　番茄1個、萵苣2片、橘子1個、水750ml

1　番茄切成1cm厚的片狀。這裡需選用果肉較硬的番茄，並且在把番茄切片時，將多餘的籽剔除，否則浸泡到開水以後，會使開水變得混濁。

2　用手將萵苣撕成4等分。

3　將橘子切成0.5cm厚的片狀。橘子可連皮使用，去皮亦無妨。要注意的是，若是將橘子按照我們平日一瓣一瓣掰下來放入開水中浸泡，則養分不易釋出，最好將橘子切開並露出橘子的斷面，這樣才有益養分釋出。

4　將所有材料放入開水中浸泡即可。

Recipe

暖身才能使身體強健 ——
生薑＋韓國芝麻葉＋鳳梨水

薑不只能暖身，還有幫助消化的效果，並且具有殺菌作用。韓國芝麻葉富含多種維他命、鉀、各種多酚成分，有助血液循環。鳳梨則含有豐富維他命C及食物纖維，能夠改善胃腸。

材料　生薑1個（約拇指大小）、韓國芝麻葉3片、鳳梨100g（約一杯紙杯的含量）、水750ml

1　生薑去皮後，切成0.2~0.3cm厚的片狀。
　　亦可切成條狀，但切記勿用薑末或薑粉。

2　將韓國芝麻葉疊起並捲成圓捲狀以後，以1cm爲間距將芝麻葉切成長條狀，手撕亦無妨。韓國芝麻葉蒂頭不用切除，予以保留。

3　鳳梨去皮後，切成一口大小。
　　最近超市有販售已去皮切塊的新鮮鳳梨，十分便利。
　　但請勿使用鳳梨罐頭製品。

4　將所有材料放入開水中浸泡即可。

Recipe

晨起欲維持輕盈感時，可將食物纖維加入
芹菜＋蘋果＋檸檬水

芹菜擁有豐富的食物纖維，可促進排便，而蘋果則是富含屬水溶
性食物纖維的果膠，能促進腸道蠕動。另外，檸檬有排毒效用，
亦有助於排便。

材料　芹菜20cm、蘋果1/2個、檸檬1/4個、水750ml

1　　將芹菜切成薄片。本食譜中，芹菜連莖帶葉都要使用。
　　　最近超市有販售已切好的新鮮芹菜，十分便利。

2　　將蘋果連皮切成厚約0.2～0.3cm的半月形薄片。

3　　將檸檬連皮切成兩等分。
　　　亦可依照個人喜好將檸檬換成萊姆。

4　　將所有材料放入開水中浸泡即可。

Recipe

保護支氣管與消化器官 ——
白蘿蔔＋韭菜＋葡萄柚水

白蘿蔔含有維他命C、果膠、抗癌物質等黑芥酸鉀成分，有助維持支氣
管與消化功能。韭菜具暖身功效，有助血液循環，同時也有益支氣管與
胃腸健康。葡萄柚有豐富食物纖維，能改善消化不良，並降低體熱，幫
助體內循環。

材料　白蘿蔔100g（相當於一個拳頭大小）、韭菜5根、葡萄柚1/4個、水750ml

1　　將白蘿蔔連皮切成0.2～0.3cm厚的薄片。
　　　亦可切成長條狀。

2　　將韭菜切成5cm長段。

3　　將葡萄柚連皮切成厚約0.2～0.3cm的半月形薄片。

4　　將所有材料放入開水中浸泡即可。

Recipe

易浮腫體質 ——
南瓜＋生菜＋小番茄水

南瓜富含蛋白質與鉀，有利尿功用，對消除水腫很有幫助。生菜含有山萵苣素，有鎮定及再生功效，而小番茄則含有豐富的果膠及葉黃素，可降低膽固醇，並有助血液循環。

材料　南瓜1/6個、生菜3片、小番茄5個、水750ml

1　南瓜去籽後，連皮切成0.3～0.5cm厚的薄片。
　　若是果肉過硬，不易切成薄片的話，切成略厚的片狀亦無妨。

2　將生菜撕成2等分。為了幫助養分釋出，生菜下方的莖部可多撕一次。

3　小番茄去蒂後切半，也可用叉子或牙籤在小番茄上面插出幾個小孔後再行浸泡，以利養分釋出。最近除了紅色的小番茄以外，市面上也有彩色小番茄，可依個人喜好任意選擇。

4　將所有材料放入開水中浸泡即可。

Recipe

攝取鐵質以預防貧血 ——
紅蘿蔔＋青椒＋柳丁水

紅蘿蔔有豐富的維他命A與胡蘿蔔素，不僅能改善視力，更有助於緩和壓力。青椒富含各種維他命與鐵質，能夠預防貧血，而柳丁含有類他命C、血紅蛋白、類黃酮等成分，對預防貧血與恢復貧血都很有益。

材料　紅蘿蔔1/4個、青椒1/2個、柳丁1/4個、水750ml

1　　紅蘿蔔削皮後，切成0.2～0.3cm厚的圓片。亦可切成長條。

2　　將青椒去籽去芯以後，切成0.2～0.3cm厚的圓片。亦可切成長條狀。

3　　柳丁連皮切成厚約0.3～0.5cm的薄片。

4　　將所有材料放入開水中浸泡即可。

早晨

眼睛睜開後，最先喝的飲料──改變早晨的習慣

你有每天早上必須要做的事，或每天早上必吃的東西嗎？
一日之計在於晨，所以晨間時光是相當重要的一個時段，
而且每個人在早上所做的事情是每天反覆進行的事項，所
以更增添了早晨時光的重要性，畢竟每一天有什麼樣的行
動，就會造就成什麼樣的自己。

那麼，當我們睜開雙眼以後，要做些什麼才好呢？比起倏
地猛然起身，當然是舒展身體，並做點簡單的伸展運動來
喚醒身體最好，這能夠幫助我們將睡眠時收緊的肌肉舒緩
開來。不過，不只身體肌肉要慢慢舒展，腸胃也要慢慢喚
醒才行，而這時最好的媒介非「白開水」莫屬。現在起，就
請你在起床後立刻飲用一杯白開水，以喚醒體內環境，開
啟一天的活力。

不只如此，也請一定要記得吃早餐，你可以選擇簡單又健
康的果汁或湯品、飯類作為每日的第一餐。

如果只能選擇一樣食物的話，那麼就選擇香蕉

在正式介紹各種果汁、湯品、飯類食譜之前，我想先推薦各位最簡便的早餐 ——「香蕉」。相信有不少人早上懶得特地準備早餐，這時只要一根香蕉，就能作爲早餐的替代品。

香蕉擁有豐富的食物纖維和鉀，不僅能促進新陳代謝，而且還有利尿作用，可以幫助我們藉由小便排除體內的老廢物質與鈉。此外，香蕉還具有隨手可攜的便利性，不管在哪裡都方便食用，而且還可以給予我們充分的飽足感，是最方便也最健康的早晨水果，我也因此經常以香蕉作爲早餐食用。不管你如何忙碌，也請你務必撥空3秒，給自己帶上一根香蕉來開啟一天的活力。

忙碌的早晨不妨就來杯果汁？

在本章節裡，要為每天早上只能抽出3分鐘左右來準備早餐的你，介紹快速享用營養滿點餐食的方法：就是飲用蔬果汁。

你只要將切好的蔬果放入果汁機裡打成汁，就能即刻完成簡便早餐。如果你還是覺得這樣子很麻煩，你可以在前一晚事先切好2~3天的份量並放進冰箱冷藏，早上只要取出放入果汁機裡研磨後享用即可。要是你忙得沒辦法喝完果汁再出門，那麼就請裝入水壺並攜帶出門。

相信有些人早就已經以自己的方式來張羅每天的早餐，諸如吃飯配湯、麵包搭配咖啡、牛奶搭配麥片等，你無須為了提高蔬果攝取量而斷然改變自己的飲食，強迫自己每天早餐只吃沙拉，你只需要維持你的日常飲食，並在用餐前喝上一杯新鮮的蔬果汁即可。雖然這只是一個小小的習慣，但卻能幫助你攝取足夠的蔬果，長久下來能讓你的身體變得更加輕盈、更加健康。接下來要介紹給各位的，就是我經常在早上飲用的果汁食譜。

早安健康果汁，研磨前須知

1.事先備妥食材，更加便於使用

每天早上處理食材，實在是件麻煩的事，建議你可一次切好所有食材，把食材裝入夾鏈袋後，放進冰箱冷藏或冷凍，如此一來，早上只需要取出食材並打成汁即可，前後過程用不著3分鐘。詳細保存法請參照P211。

2.濃度可隨個人喜好進行調整

如果你喜歡果昔那般濃郁的口感，你可以減少開水或牛奶的建議分量。

3.食譜並非固定不變

你可以隨手應用冰箱裡現有的蔬果來製作，而且切法也無須完全按照食譜中的做法，只要能放入果汁裡順利打成果汁即可。

4.既然都要飲用，那麼就要喝得健康

有時為了口感，我們會飲用加了糖的加工果汁，然而這樣的加工果汁有可能妨礙我們攝取食材原本的營養，所以不建議飲用加工果汁。另外，我也不建議果汁和咖啡或巧克力飲料一起飲用，這是因為咖啡因會妨礙礦物質的攝取。

5.熟悉食譜作法以後，請逐漸提高蔬菜的比例

對新手來說，只用蔬菜研磨成的蔬菜汁多少是難以下嚥的味道，考慮到這點，本書收錄的食譜是加入水果的版本，適合所有人飲用，等到你喝慣了蔬果汁以後，就可以提高蔬菜的比例。我一開始也是從蔬果汁開始喝起，不過已經習慣蔬果汁味道的我，現在已經改喝純蔬菜汁。在飲用蔬果汁時，要注意攝取過多糖分，因此我不建議提高水果的比例。

Recipe

用一杯果汁為自己補充元氣 ——
甜椒＋番茄＋蘋果汁

這道蔬果汁富含維他命C，能夠幫助疲勞恢復，而其中豐富的茄紅
素、果膠、食物纖維、鉀等成分，還可替我們增添活力，不只美
味滿點，更可輕鬆享用無負擔。

tip 如果喜歡濃郁的口感，也可用優格代替開水。

材料 甜椒1/2個、番茄1個、蘋果1/2個、水450ml

1　　將甜椒去籽去芯以後，切成4等分。
　　　可選用任一顏色的甜椒。

2　　番茄去蒂後，切成4等分。
　　　如果使用小番茄的話，則所需份量約為一個拳頭大的份量。

3　　蘋果連皮切成4等分。

4　　將所有材料和白開水放入果汁機打成蔬果汁即可。

Recipe

促進腸道蠕動 ——
結球甘藍＋紅蘿蔔＋柳丁汁

這道食譜富含維他命ACE、葉黃素、β-胡蘿蔔素、食物纖維，可以保護腸胃，更能促進腸道蠕動，若您正受便祕所擾，堅持喝上一陣子，便能感受到便祕改善的效果。不僅如此，這道食譜還能促進消化，幫助您容光煥發、清眼明目。

材料　結球甘藍2片、紅蘿蔔5cm、柳丁1個、水450ml
1　　將結球甘藍用手撕成4等分。
2　　紅蘿蔔去皮後，切成4塊。
3　　柳丁去皮後，切成4塊。
4　　將所有材料和白開水放入果汁機打成蔬果汁即可。

Recipe

帶給減肥者飽足感的一餐 ——
蒸地瓜＋牛奶＋肉桂奶昔

說到減肥食譜，就少不了地瓜這個食材。地瓜富含食物纖維與鉀，除了能提供我們充分的飽足感之外，還能幫助排除體內的鈉，並促進排便，同時也有益血管健康與血液循環。不過，就算我們下定決心減肥，實在也沒辦法成天只吃蒸地瓜，你可以參考這份食譜來做點變化，將蒸地瓜換成蒸馬鈴薯或蒸南瓜、水煮蛋等等。

tip 你也可以將這道奶昔裝入杯中，以微波爐加熱後飲用，味道就和一般咖啡廳販售的地瓜拿鐵相同。

材料 蒸地瓜1個、牛奶450ml、肉桂粉1小匙

1　將蒸地瓜連皮用手撕成2塊，並放入果汁機中。
　　地瓜皮含有豐富營養素，不只幫助消化，也能預防肚子脹氣。

2　接著將牛奶與肉桂粉倒入果汁機中，連同地瓜一起打成奶昔。
　　可隨個人喜好加入堅果一起研磨，也可加入一些蜂蜜來增添甜味。

Recipe

維持腸道與支氣管的健康 ——
萵苣＋梨子＋優格奶昔

這道奶昔富含維他命C、葉黃酮、食物纖維等有益支氣管的營養成分，有助於預防感冒，而植化素則是能夠幫助我們排出體內毒素，具有解毒功效。這道食譜加入原味優格，能夠補充乳酸菌，促進腸胃健康，建議使用無糖原味優格爲佳。

材料　萵苣3片、梨子1/2個、原味優格200ml（約莫紙杯一杯的份量）、水250ml

1　將萵苣用手撕成2等分。

2　梨子去皮後，切成4等分。

3　將所有材料和白開水放入果汁機打成奶昔即可。
　　亦可用牛奶替代白開水。

> "
> 「不想空腹喝生冷飲，又或者天氣寒冷時，
> 你可以引用蔬菜湯來暖暖身子。」
> "

開啟暖洋洋的早晨時光——湯品

製作湯品和果汁一樣簡單，只要事前備妥食材並放入冰箱冷藏，早上取出烹調即可，十分簡便。接下來要介紹幾道暖身湯品食譜，不僅適合作為開啟一天活力的早餐，更適合作為晚餐食用。

Recipe

低卡營養湯飲 ——
青花椰菜濃湯

你都是怎麼食用青花椰菜的呢？想必大部分的人，都是把青花椰菜過水川燙以後，再沾著醋醬食用吧？不過這種吃法，很快就會吃膩了，現在你不妨將青花椰菜拿來煮成湯品，包管你一餐就能吃掉一整棵青花椰菜。青花椰菜富含維他命C、鈣、鉀、抗氧化物，這道用青花椰菜做成的湯品，是最好的低卡營養餐食。

tip 亦可使用蘆筍、花椰菜、蓮藕、蘑菇代替青花椰菜。

材料 青花椰菜1/2棵、洋蔥1/8個、牛奶400ml、切片起司1片、鹽與胡椒少許

1　將青花椰菜的花朵部分與莖部都切成一口大小。

2　洋蔥切絲。

3　起鍋燒水，水滾後放入洋蔥川燙5秒。

4　接著放入青花椰菜川燙2分鐘。

5　將所有材料放入果汁機研磨。若喜歡更香濃的口感，可加入一個水煮蛋。至於起司，亦可以超商販售的乾酪條替代切片起司。

6　可隨個人喜好加入若干鹽與胡椒調味。

Recipe

清淡又爽口 ——
馬鈴薯濃湯

經常被拿來蒸煮或醬煮的馬鈴薯,也可華麗變身爲美味湯品。馬鈴薯
的口感柔軟,最適合在胃口不好的早上食用,也由於富含維他命C,
在乍寒還涼時享用,有助於預防感冒。

材料　蒸馬鈴薯1個、洋蔥1/6個、牛奶400ml、切片起司1片、起司粉1大匙、
　　　鹽與胡椒少許、月桂葉1片

1　　蒸馬鈴薯去皮後,與牛奶一同放入果汁機研磨。

2　　洋蔥切末。

3　　起鍋放入沙拉油或奶油,油熱放入洋蔥以中火拌炒。
　　　將洋蔥炒軟並炒出香氣以後,加入步驟1的湯汁。

4　　放入月桂葉,以大火煮滾以後,轉小火並以湯匙順著同一方向攪拌。
　　　月桂葉亦可以巴西里葉或其他香料代替。

5　　月桂葉煮軟以後,加入切片起司(或披薩起司)與起司粉,
　　　最後以鹽和胡椒調味即可。

"

「在忙碌的早晨，

好好吃上一碗飯是種奢侈嗎？」

"

想要振作精神時，不妨來道蔬菜蓋飯？

不管早上再怎麼忙碌，應該還是能坐下來，好好吃上一碗提前準備好的飯吧？接下來要介紹的是蔬菜蓋飯醬汁，幫助各位在忙碌的早晨也能簡單快速享用早餐。因為是充滿大量蔬菜的醬汁，作為早餐不僅不會對腸胃造成負擔，同時還十分營養。此外，在享用簡單又美味的一碗蓋飯之後，也不用為了清洗眾多碗盤而苦惱。

Recipe

只要淋在飯上即可 ——
韓國芝麻葉嫩豆腐蓋飯

很多人都以爲芝麻葉只是一種作爲包菜用的蔬菜,但是只要搭配好醬汁享用,就能輕鬆攝取更多的芝麻葉·由於芝麻葉有一股特殊香氣,所以無需特別調味也很好下飯,很適合用來烹調低鹽的早餐。至於嫩豆腐,雖然大家多是淋醬油後食用,但只要攪碎豆腐,並作爲醬汁或豆腐奶昔食用,就能幫助我們提升更多的攝取量。

tip 可依照個人喜好加入水煮蝦仁、山藥、酪梨、海苔粉、荷包蛋、鮭魚卵等食材,把蓋飯升級爲豪華版。

材料 韓國芝麻葉5片、蒜末1小匙、醬油2大匙、麻油1大匙、橄欖油1大匙

1 將韓國芝麻葉疊起並捲成圓捲狀以後,切成細絲。

2 將嫩豆腐放入碗中搗碎。
   爲求便利,可使用攪拌器搗碎豆腐。

3 將所有食材放入碗中攪拌均勻。

4 做好的醬汁可立刻淋在飯上食用,也可放入冰箱冷藏,等到要食用時再取出淋在飯上即可。

Recipe

滑嫩炒蛋蓋在飯上的好滋味 ——
韭菜雞蛋蓋飯

這道食譜並不是蓋飯醬汁，但也是道利用幾個食材就能快速完成的食譜。這裡我們要把平常總是讓人煩惱吃法的韭菜加入炒蛋裡，然後鋪放到飯上，就成了一道好吃的蓋飯。做好的韭菜炒蛋還可以夾到吐司裡做成三明治，一樣美味可口。

材料　韭菜1杯（揉起來放入杯中）、雞蛋2個、牛奶1/2杯、咖哩粉1大匙、
　　　切片起司1片、鹽與胡椒少許

1　韭菜切末。

2　碗裡打入雞蛋，並加入牛奶與胡椒粉，然後攪拌均勻。

3　起鍋放入沙拉油或奶油，油熱後倒入步驟2的蛋液，
　　以中火煎炒，同時以筷子攪散，
　　這時須使用筷子煎炒，這樣才不會傷鍋。

4　當雞蛋熟至如同嫩豆腐般滑嫩的狀態時，
　　即可關火並放入韭菜與起司，透過餘熱繼續拌炒。

5　以少許鹽和胡椒調味後，即可盛在飯上享用。

Recipe

讓人胃口大開的好味道 ——
茄子辣椒蓋飯

關於糯米椒這項食材，你是否只在醬煮小魚乾這道小菜裡吃過呢？
現在不妨就拿糯米椒搭配茄子來做道美味蓋飯吧！只要將所有食材
都切成丁，然後一同下鍋炒熟，最後再放到白飯上就完成囉。

材料　茄子1個、糯米椒3個、麻油1大匙、胡椒少許、蒜末1小匙

調料　醬油2大匙、料酒3大匙、糖1大匙、水2大匙

1　將茄子切成一口大小，糯米椒切末。
　　亦可用青陽辣椒或其他種類的辣椒來代替糯米椒。

2　起鍋熱油，以中火拌炒蒜末及糯米椒，待炒出香氣以後，
　　再放入茄子繼續拌炒。

3　當炒出茄子的水分且茄子也被炒熟時，放入所有調料並拌炒均勻。
　　若手邊沒有料酒的話，亦可用燒酒或白酒、清酒等清澈的酒類作爲
　　替代，否則放入清水也可以。

4　把醬汁煮到適當的濃稠度，就可淋上麻油並放入少許胡椒增添香味。

超市 ——

常去的地方，改變超市購物的習慣

你是否也會在下班後或週末上市場，又或者去超市買菜呢？意外的，有很多人並不這麼做。明明那裡就是採購食材的地方，不去那裡採買的話，那麼三餐是如何解決的呢？沒錯，不是用速食解決，就是叫外賣。若你是三餐總以速食或外賣解決的人，首要之務就是先刪掉手機裡的外送APP，並且把貼在冰箱上的外賣傳單全都果斷丟掉，光是這兩個步驟，就足以大幅消減叫外賣的慾望。如果有心要改善這個飲食習慣的話，還可以把廚房裡的泡麵和罐頭，全都清理掉，要是捨不得丟棄，分送給親友也好。

另外，也請試著養成下班後去超市的習慣，接下來要介紹的內容，將傳授你如何養成超市採買的習慣，讓你變美變健康。

去超市時，就只逛三個地方

上超市時，我們要逛的就只有三個地方：蔬菜區、海鮮區、水果區，並從這三個區塊內決定好要購買的「主食材」，接著再來購入搭配主食材的「副食材」。舉個例子來說，當我們決定好在蔬菜區購入當季食材茄子以後，若打算做「烤茄子」料理，這時再來追加購買搭配用的起司作為副食材。

要點就在率先決定好健康營養的主食材後，再來構思予以搭配的副食材。下班後上超市購買當日所食蔬果，就是我推薦給各位的健康超市採買習慣。

你叫什麼名字？

超市裡的每一樣蔬菜都有標示名稱，請你要留意每種蔬菜名稱。當你能夠把甜菜、菊苣、羽衣甘藍、芥菜、西蘭花葉⋯⋯ 等名稱熟記起來，就越會和各種蔬菜越感親近，出外用餐時，看到餐桌上的蔬菜也會更開心，同時也會促進購買欲望，並且想要更加了解每一種蔬菜的特性。

購買新東西的喜悅：
從未購買過的5種陌生超市蔬菜

當你在購買蔬菜時，會購入什麼樣的蔬菜呢？對我來說，「能從中感到樂趣」的蔬菜才算美味。我認為蔬菜是要能夠經常享用的食物，若只是不停重複購買相同蔬菜，那麼早晚會有吃膩的時候，就無法從中感受到飲食的樂趣，所以我想建議各位，現在不妨就試著購入從未購買過的蔬菜，要知道我們不過是不了解陌生蔬菜的吃法，而不是蔬菜本身不好吃。下面就要介紹5種味美價廉的蔬菜，以及簡單又快速的烹調法給各位。

1.牛蒡
當你在超市裡看到一根根長得像粗樹枝的蔬菜，那麼就是牛蒡了。

牛蒡富含纖維質，能夠預防便祕，並有助肌膚美容，而且還含有抗癌、殺菌的功效，對於排除體內毒素及消除水腫也很有幫助。烹調牛蒡時，只要先以刀背或刮刀將外皮刮除，然後再切成適當大小即可。你可以將切好的牛蒡和白米一同炊煮，這樣可以增添米飯香氣，還有助於減少吸收碳水化合物。牛蒡還可以生吃，你可以將牛蒡切成長條，搭配美乃滋沾醬食用，佳餚美味立刻入口。

2.山藥

我想告訴各位，山藥是一種「體內美容蔬菜」，由於其養分易被人體吸收，所以能幫助提升免疫力，而黏蛋白可活化細胞，有助於防止老化。此外，山藥也能幫助排除體內的鈉，以及幫助我們疲勞恢復，所以在運動之前，可先喝上一杯山藥蜂蜜牛奶，有助於舒緩肌肉緊繃，提升運動效果。以我個人而言，我喜歡蒜炒山藥佐香草鹽調味。

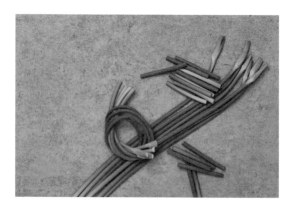

3.蒜苗

蒜苗富含維他命**C**，有助於提升免疫力，同時因爲性熱，特別適合體質寒冷者食用。把蒜苗切末並加入炒飯拌炒，能增添爽脆的口感，搭配烤肉一起食用時，還能幫助降低膽固醇攝取。我特別喜歡把蒜苗清炒之後，作爲沙拉配料加入沙拉中食用。

4.甜菜

有人稱甜菜是「紅色的白蘿蔔」，富含鐵質，特別適合貧血及低血壓患者食用。不僅如此，甜菜也能幫助血液淨化與疲勞恢復。甜菜非常適合研磨成甜菜汁食用，若嫌麻煩，切成一口大小並放入開水浸泡成蔬果礦泉水，也是很好的享用方式。你可以趁週末時，先把甜菜切塊後冷藏保存，外出前再取出甜菜放入水壺中隨身攜帶，就可隨時補充甜菜的營養。

5.蘆筍

無論是在超市或傳統市場，都能輕易買到蘆筍。蘆筍能夠防止脂肪吸收，所以非常適合搭配肉類一起食用，而且蘆筍還含有各種礦物質與天冬醯胺酸，舉有解毒功效，有助於體內淨化。蘆筍適合各種吃法，你可以水煮食用，也可以在淋上橄欖油後稍作煎烤，就能吃出蘆筍的香甜滋味。此外，我也特別建議有便祕苦惱者，可以將生蘆筍搭配蘋果、優格，一起研磨成蔬果汁，能夠有效改善便祕。

對女孩子們身體好的5種蔬菜

其實所有蔬菜對女孩子們來說，都是非常有益的食材，但其中又有5種蔬菜富含女性所需營養，值得推薦給女孩們。

1.水芹

水芹有強大的解毒作用，有助肝臟淨化及疲勞恢復，而且還能幫助受霧霾酸化的身體回復為鹼性，並有效改善女孩們四肢冰涼的問題。我最喜歡在水芹當季的春天時，拿來煮涮涮鍋吃，每次總是要吃上好幾盤才過癮。不只如此，搭配水芹飲酒時，也不容易酒醉，水芹的肝臟解毒能力可見一斑。水芹一般多煮成湯鍋食用，但做成生菜沙拉或當包肉生菜吃也非常好吃。

2.蓮藕

蓮藕含有比檸檬更多的維他命C，有助於肌膚美容與疲勞恢復，而其
含有的單寧酸，則具有保護胃腸的功效，有助於改善腸胃發炎。不只
如此，蓮藕對女性子宮及大腸健康又十分有益，而且還顧腎，是非常
有營養的食材。多數人在食用蓮藕時，大都只是做成醬漬小菜食用，
其實不管是川燙或煎烤以後，拿來做成溫沙拉，也能簡單吃出美味。
煎烤調理法請參照P126。

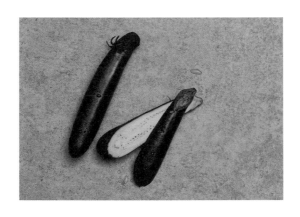

3.茄子

減重者一定要多吃茄子。減重時期容易產生貧血，毛髮與肌膚也容易變得乾燥無光澤，而且還會導致便秘等各種副作用，而茄子正好是防止這些副作用的絕佳食材。我最推薦的吃法是將茄子切成薄片，入鍋煎烤以後，像火腿或肉片那樣包起米飯食用，由於是以煎烤方式烹調，沒有軟爛的口感，任誰都能吃出茄子的香氣。煎烤調理法請參照P122。

4.羽衣甘藍

被稱為「鈣質女王」的羽衣甘藍，其含有的β胡蘿蔔素為各種包肉生菜中含量最高者，具有強大的抗氧化功效，不僅有助提升免疫力，更能幫助血液淨化，還有清腸的功效。既然羽衣甘藍的營養如此豐富，我們就更要多加食用，包肉吃的時候，不妨就多取一片菜葉來包肉吃。如果想要更大量攝取的話，你也可以把羽衣甘藍和水果一起研磨成蔬果汁，蔬果汁調理法請參照P152。

5.南瓜

南瓜具低卡路里，且能提供飽足感的特性，能夠幫助預防暴飲暴食，是最適合減重者的食材。而且南瓜還富含水分與纖維質，有益於舒緩便秘，同時還能防止肌膚問題的產生，以及降低膽固醇數值，是每位減重者餐桌上不可或缺的食材。

大部分的人習慣以蒸煮或油炸、煎烤、醬煮的方式來烹調南瓜，但將蒸南瓜加上牛奶一起研磨成南瓜牛奶飲用，或是切成細絲生吃，都是很好的食用方法。我個人習慣一次蒸煮大量南瓜，然後將蒸煮好的南瓜按照每一餐食用分量放入夾鏈袋後，放進冰箱冷凍保存，之後只要在食用前取出，然後加上牛奶和堅果研磨成南瓜牛奶，即可作爲簡便早餐享用，這個方法幫助我在忙碌的早晨也能攝取充足的營養，而且也幫助我快速消除水腫。

嘗試一週下來，感覺如何呢？

不管是再怎麼簡單的習慣，
要能在忙碌的生活中堅持不懈，
絕非一件簡單的事。

我們既要忙著工作，
也要忙著應酬，
周圍的美食誘惑更是不在少數。

有時我們忙得整天都無法喝水，
有時我們忙得無法吃上一頓健康的早餐，
只能用傷胃的咖啡墊墊肚子，
有時甚至會因為壓力過大，用大量的速食或零食來填補自己，

但請絕對不要催眠自己「我就是這樣嘛」，並自我放棄，

因為一天的失守，並不會讓前功盡棄。

只要隔天重新開始，
身體就會自然回憶起過去幾天累積下來的習慣。
身體喚醒回憶後，只要再繼續持續個幾天，
就能越快回到正常的軌道。

所以，請不要認為自己「完蛋了」，
因為在我們的體內，
已有細胞牢牢記住蔬食習慣。

PART 3

拿來當小菜吃已經是很久以前的事了！

大量攝取蔬菜的方法

一直放在冰箱裡的話，遲早會拿去丟了……

「我要好好做一頓飯！」

想必你一定也有過興致高漲，然後大肆採買各種蔬菜回來，

想為自己好好做飯的時候，

可是因為忙碌而無法好好吃飯，

又或者懶得煮飯，隨便就用超商便當打發掉一餐……

結果興沖沖買回來的食材都放到爛掉。

幾次反覆下來，

總是讓我們做出不同結論：

「早知道就不買了。」

在此，我想要為那些不希望冰箱裡食材放到爛掉，

但又想要大量攝取蔬果的朋友們提供採買後

能夠馬上將食材處理完畢的方法。

這裡我們要捨棄川燙或醬煮小菜的做法，

改以研磨、煎烤、切成小塊的調理方法來處理食材，

就能更加便利地進行烹調，同時也能吃得更加美味又健康。

研磨

全部放進調理機研磨以後，就可以作為一餐

成年人每日的建議蔬菜攝取量為350g，以一片葉菜為1g之基準，相當於一天攝取量為350片才能滿足需求。可是，一天光吃烤肉包菜或生菜沙拉，能吃到350片葉菜這麼多嗎？我想應該是不可能的。

所以，若想大量攝取蔬菜，最簡單的方式當屬研磨成汁後飲用。研磨而成的蔬菜汁也可煮成湯品，更可以做成蓋飯醬汁，對於忙到沒有時間好好切菜、烹調、進食的都會居民而言，蔬菜汁是我最推薦的調理法。

下面要介紹給各位的，就是簡易達成每日蔬菜攝取量的食譜。

Recipe

食用不喜歡吃的蔬菜 —— 紅蘿蔔咖哩

很多人並不喜歡紅蘿蔔生吃時堅硬、熟食時軟爛的口感，所以我要推薦將紅蘿蔔打成汁以後，混入咖哩一起烹煮的調理法，如此一來，不只能藉由咖哩的香氣蓋掉紅蘿蔔特有的氣味，同時也能讓咖哩的口感變得更加溫和。

---

tip 紅蘿蔔咖哩也可運用在烏龍麵與辣炒年糕料理上，使平凡的料理增添特殊風味。

材料　紅蘿蔔1個、洋蔥1/6個、青椒1/4個、雞胸肉1/2塊、咖哩粉2大匙、水300ml

1　將紅蘿蔔切成一口大小以後，放入果汁機裡打成汁。

2　將洋蔥，青椒與雞胸肉切成一口大小。
　　雞胸肉可用牛肉或豬肉、海鮮代替

3　以中火預熱鍋子，接著加油拌炒雞胸肉及洋蔥，
　　此時若覺得油分稍嫌不足，請加入一兩匙水繼續拌炒。

4　將雞胸肉炒至翻白，即可放入咖哩粉與青椒，並轉小火繼續拌炒。

5　將咖哩粉與食材拌炒均勻以後，加入步驟1的紅蘿蔔汁，
　　然後再度轉大火加熱。

6　當鍋內湯汁開始沸騰時，轉中小火續煮約10分鐘，邊攪拌邊煮到適當濃稠度為止。可加入1～2大匙牛奶或奶油，以增添風味，並讓咖哩的口感變得更加溫和。

Recipe

溫暖又健康的一碗 ——
番茄濃湯

番茄煮熟以後再吃，能攝取到更多的茄紅素，並有強大的抗氧化、排除體內老廢物質等功效，同時也能促進腸胃蠕動。研磨好的番茄汁一經烹調，就能做出美味的番茄濃湯，有很強的解毒功用，所以特別適合在感覺疲憊的時候飲用，可以讓身體感覺變得輕盈。

材料 番茄1個、洋蔥1/6個、橄欖油2大匙、水1/2杯、鹽與胡椒少許、
　　　切片起司1片、月桂葉1片

1　　將番茄去蒂並切成4等分。請選用完熟、果肉較軟的番茄，
　　　這樣做出來的湯品味道濃郁，且較不會有酸味。

2　　將洋蔥切成2等分。

3　　將切片起司以外的所有食材放入果汁機裡打成汁。
　　　月桂葉可用巴西里葉或其他香草代替。

4　　將步驟3的果汁倒入鍋中，邊攪拌邊加熱，同時再放入經奶油炒過的培
　　　根、魷魚、蝦仁、紅蛤等食材續煮。隨著添加的食材不同，這道濃湯
　　　的味道也會有不同變化。

Recipe

5分鐘速成美味飯食 ——
醬豆腐蓋飯

「輕鬆解決一碗」可說是最適合形容這道食譜的修飾語。這道食譜是
用豆腐泥作爲蓋飯醬汁，能夠幫助我們用簡便的方式攝取蛋白質，
你可以事先備妥大量豆腐泥醬汁，並以冷藏保存，每次要食用時，
再從冰箱取出加熱即可。

---

tip 也可以加入蒸地瓜或蒸南瓜一起打成泥，能夠增添風味。

材料　豆腐1/2塊、蒜末1小匙、辣椒醬1小匙、味噌1小匙、果糖1大匙、
　　　麻油1大匙、水1大匙、杏仁1大匙

1　　將所有食材放入果汁機裡打成泥。
　　　豆腐可任意選用，不管是板豆腐，還是火鍋用豆腐、煎烤用豆腐皆可。
　　　杏仁也可以其他堅果類替代，不過我認爲加入杏仁的風味最佳。

2　　將步驟1的豆腐泥淋在白飯上，然後以微波爐加熱1分鐘即可。
　　　你也可再搭配牛肉或蝦仁做爲配料，就能讓蓋飯更加豪華又美味。

冷壓機vs果汁機，該買哪個好？

如果你下定決心「我要多吃蔬菜！」，那麼你一定要有的其中一項工具就是「蔬果調理機」，對於想要以果汁方便攝取營養的人來說，更是不可或缺。那麼究竟該買何種蔬果調理機好呢？我發現有很多人都有這個疑惑：「果汁機？冷壓機？到底該買哪個好？」

從結論說起的話，比起冷壓機，我更推薦果汁機。果汁機是一種藉由研磨與攪拌的方式來打出果汁的機器，而冷壓機則是透過壓縮蔬果，僅萃取出汁液的機器，經冷壓機萃取出來的果汁沒有渣滓，極為順口，不少人都喜歡這樣的口感，但考慮到營養攝取，我個人更加推薦果汁機這個工具。一如前面所述，果汁機的原理是將透過研磨整個蔬果而成，打出來的果汁會保有更豐富的纖維質和營養成分，有助我們吸收更多營養。

至於想要一次大量研磨蔬果汁者而言，我則是推薦「真空果汁機」。由於這是在真空狀態下以超高速研磨果汁，所以果汁能夠保存較長時間，既不會走味，也不會發生褐變或分層現象（蔬果渣往下沉的現象），不管何時取出都能保持新鮮口感。

意外地很適合研磨飲用的美味蔬菜

提到研磨後飲用的飲食，就不得不提方便又營養的果汁。當我們說到果汁時，多數人最先想到的不外乎是用蘋果、柳丁、羽衣甘藍、番茄等味道清爽的蔬果所研磨成的蔬果汁，不過，接下來我想為各位介紹幾道「意外的」蔬菜，也許你會感到詫異：「這也拿來打成果汁喝？」但只要你嘗試過一遍，肯定會掉入其美味魅力之中，而且還能趁機補充到平常難以吃到的蔬菜營養。

Recipe

包肉生菜也可研磨飲用 ——
包肉生菜汁

你記得當我們在吃烤肉時，一旁的只用來包肉食用的生菜嗎？其實那些生菜味美價廉，還富含營養，是很棒的全能蔬菜。包肉生菜要是一直放在冰箱裡不吃，很快就會枯萎，最後落得被丟棄的下場，與其把包肉生菜丟到廚餘桶，還不如做成料理丟進我們的身體裡。

tip 你也可以用椰子水或維他命水代替白開水，能夠增添果汁風味。

材料 生菜1片、菊苣2根、芥菜1片、奇異果2個、水400ml

1　　將奇異果去皮後，切成2等分。

2　　將生菜、菊苣、芥菜用手撕成4等分。
　　　你也可以用甜菜葉、玫瑰、結球甘藍、當歸葉等包肉生菜進行替代。

3　　將所有材料和白開水放入果汁機打成蔬果汁即可。

Recipe

保持年輕又乾淨的血管 ——
牛蒡奶昔

是的，沒錯，這篇要介紹的就是那個常被包進飯捲裡的牛蒡，也是經常被做成醬煮小菜的牛蒡。有很多人並不知道生牛蒡的模樣，其實生牛蒡看起來很像粗樹枝，是超市常見的食材。牛蒡富含菊苣纖維、多酚、食物纖維，有助血管健康，而且還有助肝臟解毒功能，能夠排除體內老廢物質，並舒緩宿醉。牛蒡很適合與牛奶一起打成牛蒡牛奶，不僅香氣濃郁，口感更是溫和滑順。

材料　牛蒡7cm長、花生2大匙、牛奶400ml、蜂蜜1大匙

1　　將牛蒡去皮以後，切成3等分。牛蒡皮薄，只要用刀子輕輕刮一下，
　　　就能刮除，你也可以用捏皺的鋁箔紙去刮除牛蒡外皮。

2　　將所有材料放入果汁機打成牛蒡牛奶即可。
　　　花生亦可用其他堅果替代。

Recipe

減緩體內發炎 ——
茼蒿果汁

茼蒿能有效預防貧血，並有助疲勞恢復，因含有豐富的無機質，所
以也有意強化免疫力，同時幫助舒緩各種過敏或發炎現象。不喜歡
茼蒿特殊氣味者，可搭配柳丁一起研磨成茼蒿果汁飲用。

tip 剩餘的茼蒿可以切成末，再搭配麻油與海苔粉，
一起拌入米飯內做成飯糰，美味即成。

材料　茼蒿2株、柳丁1個、水200ml

1　將茼蒿切成3等分。這裡我們要保留茼蒿葉，連葉全部使用。

2　柳丁去皮後，切成4等分。
　　亦可使用奇異果或、橘子、檸檬、葡萄柚等口感清爽的水果做替代。

3　將所有材料放入果汁機打成果汁。
　　亦可使用氣泡水來代替白開水。

Recipe

將老廢物質排出體外 ——
青椒果汁

青椒多作為副食材應用於熱炒料理上，卻很少被拿來當作主食材進行調理，我想更是沒有人會把青椒拿來打成果汁飲用。其實青椒富含鐵、鈣、各種維他命等，有助新陳代謝，並淨化身體。接下來要介紹的食譜，是青椒搭配蘋果及梅子醬一起研磨成的果汁食譜，有幫助消化並排除體內鈉的功效。像青椒這種擁有特殊氣味的蔬菜在研磨成蔬果汁時，可以加入一點梅子醬，就會變得可口。

tip 可用其他果醋代替梅子醬。

材料　青椒1/2個、蘋果1/2個、梅子醬1大匙、水450ml
1　　將青椒去籽去芯以後，切成4等分。
2　　將蘋果連皮切成4等分。亦可使用梨子代替蘋果。
3　　將所有材料放入果汁機打成蔬果汁即可。

煎烤

可像火腿一樣煎烤食用的蔬菜

請你想像一下，假設我們現在手邊有兩個已經調理過的
洋蔥，其中一個是水煮洋蔥，另一個是放在烤盤上煎烤
過的洋蔥，那麼你會認為哪一個洋蔥更好吃呢？我想絕
大多數的人都不會選擇口感軟爛的水煮洋蔥，而是認為
經過煎烤，已烤出香氣與甜味的洋蔥更好吃。當我們在
野外烤肉時，通常還會一起烤上洋蔥、香菇、馬鈴薯、
蘆筍等蔬菜，也因此連帶攝取了許多平常並不吃的蔬
菜。現在我們可以像在烤肉時那樣將蔬菜烤著吃，調理
方式一如將食材丟入蔬果調理機研磨那樣簡單，只要將
食材切片或切成小塊，然後丟進平底鍋裡煎烤即可。
接下來就介紹幾樣我們平常雖少吃，但只要烤過以後就
變得美味可口的蔬菜。

Recipe

茄子的新發現 ——
烤茄子

茄子富含鉀，有助排出體內的鈉，儘管營養豐富，但卻有很多人不
喜歡茄子的軟爛口感，而不吃茄子。由於茄子有著快速吸收水分和
油分的特性，所以一經川燙或做成涼拌小菜時，口感就會變得軟爛
沒咬勁，但若是將茄子烤著吃，由於水分會在煎烤的過程中蒸發，
所以口感一點也不軟爛，反而變得有咬勁，而且茄子特有的氣味也
會消失，食用時，你甚至會懷疑「這真的是茄子嗎？」

tip 將茄子做成涼拌小菜食用時，調理方式請以煎烤
代替水煮，這樣能保持茄子的口感，美味更可口。

1   將茄子斜切成0.5~1cm的片狀。
     由於茄子煮熟時會變軟，所以不要切得太薄。
2   起中火熱鍋，鍋裡不要放油。待鍋熱後，將茄子平舖在鍋裡煎烤。
     由於茄子本身含有90%水分，所以就算不用油煎烤，也不會沾鍋。
3   當茄子薄片兩面煎黃時，即可加入少許橄欖油或香油、麻油等拌勻，
     亦可直接出鍋沾油食用。

124

Recipe

擁有烤馬鈴薯香氣 ——
烤山藥

烤山藥是我在開設料理教室以來，最受好評的一道菜，成員們都對山藥竟然如此美味而感到驚訝。「山藥顧胃」相信你一定也聽過這說法吧？由於山藥富含黏蛋白，不僅能夠顧胃，還有助消化，所以經常感到胃腸不適者，可以將生的山藥打成奶昔後飲用。有些人不是很喜歡山藥的黏膩口感，所以對山藥奶昔很是抗拒，因此我特別推薦煎烤的吃法給討厭山藥黏膩口感的人。山藥經過煎烤以後，內軟外酥，口感和烤馬鈴薯很像，十分可口。山藥有助肝臟解毒及舒緩宿醉，非常適合當作下酒菜。各大超市普遍販售山藥，你可以輕鬆購得。

tip 烤山藥可以做為沙拉配料，也可以做為蓋飯配料食用，還可以切成小塊後加入炒飯裡，讓抗拒山藥的孩子們也能輕鬆入口。

1   以刮刀將山藥外皮刮除。由於山藥有黏液，易導致手滑，
     請務必放在砧板上刮除外皮。
2   將山藥切成約1cm厚的圓片。
3   將山藥放入薄刷一層橄欖油的鍋裡，並以中火或大火煎烤，烤至山藥變
     成金黃色為止。因山藥可以生吃，也可以熟吃，所以不需要用小火慢煎。
4   加入少許鹽、胡椒或起司粉，即可享用。你也可以搭配醬油蘸取食用。

Recipe

清爽高雅的味道 ——

烤蓮藕

一說到「蓮藕」，你最先想到的一定是用鹹甜醬汁烹煮而成的蓮藕小菜吧？蓮藕作為小菜食用時，一餐了不起也就吃個三、四塊，可是如果烤來吃的話，除了能吃到蓮藕本來的天然美味，烹調方式也比醬煮的方式簡單上100倍。蓮藕的菊苣纖維可促進胰臟分泌胰島素，並調節血糖，使血管強健。

tip 這裡想介紹一個我的獨家秘訣。你可以在煎烤蓮藕時，將從超市購得的明太子擠到蓮藕孔洞裡，這樣烤出來的蓮藕會特別的香。

1　用刮刀將蓮藕的外皮刮除。
2　將蓮藕切成0.5~1cm厚的圓片。前面介紹過的山藥，由於十分柔軟之故，非常好切片，但蓮藕富含硬物纖維，整體較為堅硬，為了安全起見，切蓮藕時，不要貪圖一刀切成，慢慢下刀直到切片完成為止即可。
3　倒油入預熱完成的鍋裡，然後以中火將蓮藕煎至兩面成金黃色為止。

Recipe

適合搭配肉品食用 ——
烤南瓜

當我們烤肉時，經常會連香菇、洋蔥、蒜頭等也一起烤來吃，這時候
不妨再加上南瓜這項蔬菜，你將會吃到南瓜香脆的好滋味，而且南瓜
有助排出鈉與膽固醇，以營養層面來說，實在是烤肉的好搭檔。比起
把南瓜做成醬煮小菜或煎餅而言，煎烤的調理方式更爲便利。

1　像在做南瓜煎餅那樣，把南瓜切成0.5~1cm厚的圓片。

2　由於南瓜水分含量高，在下油鍋煎的時候，很快就會吸收掉油分，
　　所以這道料理我們要改變順序，先下南瓜在鍋裡煎烤，
　　最後再抹上一點油，就能讓南瓜口感保持爽口不油膩。

3　當南瓜兩面都煎至金黃時，可隨個人喜好加入些許鹽和胡椒，
　　並抹上一點油即可。你可以抹上香油或麻油。

Recipe

營養炸彈 ——
烤蒜苗

說到烤蒜苗，我想各位應該會懷疑自己的耳朵：「什麼？把蒜苗烤來吃？」之所以會介紹蒜苗這讓人多少會覺得意外的蔬菜，是因為蒜苗的營養成分十分優異，像是其中富含的大蒜素就有強化免疫力的功效，有助恢復疲勞與減重。不只如此，蒜苗還有殺菌作用，能幫助體內淨化。蒜苗是花莖部分，和蒜頭一樣都擁有極高的營養，生吃的話，會有一股刺舌又苦澀的味道，不過一旦經過煎烤，那股味道就會完全消失，而且變得又香又有嚼勁，非常適合搭配烤肉一起食用。

tip 煎烤過的蒜苗很適合作為沙拉配料，也可代替蒜頭活用在各種料理之中。

1　將蒜苗切成適當的長度。

2　以中火熱鍋，待鍋子預熱完畢，即可放入鍋中烹調。一開始可加一兩湯匙的水下去煮，這個步驟能夠幫助消除辛辣味，並使蒜苗口感變軟。

3　當蒜苗從原本的深綠色開始變淡時，就可輕抹一層油來煎烤，直到蒜苗變成金黃色為止。要注意在煎烤的時候，要是像炒菜那樣快速拌炒，就容易使蒜苗的香氣流失，同時也容易出水，請務必慢慢翻動蒜苗。

減少用油煎烤的訣竅

由於蔬菜容易吸油，要是加入的油分過多，那麼我們就會吃到吸滿油分的蔬菜（雖然這樣也比較好吃）。我個人的習慣是一開始煎烤時先不放油，直接乾煎，這是因為蔬菜內含水分，所以不會黏鍋，然後等到蔬菜的水分收乾到一定程度，就可一匙一匙地加水煎烤。這種方式有蒸煮的效果，能夠維持蔬菜潤澤的口感。待煎烤到最後，適時抹上橄欖油或香油、麻油等，可以提升蔬菜的香氣與光澤，在味道和香氣都確保的狀態下，就算不搭配任何醬料也好吃。

適合搭配蘸用的醬料

雖然烤蔬菜只要加入些許鹽和胡椒就很美味，但仍然有各種醬汁能帶出蔬菜不同的美味，下面要介紹的就是適合烤蔬菜搭配蘸用的醬料。不過要注意的是，當搭配醬料食用時，就不要加入太多鹽調味，否則會讓我們攝取過多鹽分。

搭配醬料時，可以淋在蔬菜上頭，也可用來攪拌或蘸取。製作醬料的方法很簡單，只要把食材一口氣丟入碗內並攪拌均勻即可。以下要介紹的醬料為清爽無負擔的醬料，比起常用的番茄醬、蜂蜜芥末醬或沙拉醬等還要來的美味健康。

Recipe

可用來替代美乃滋 ——
優格起司醬

這道醬料可以蓋掉蔬菜特有的氣味，無論搭配何種蔬菜都十分合適。不只可以搭配烤蔬菜食用，也能代替美乃滋來搭配沙拉、紅蘿蔔、小黃瓜等口感清脆的蔬菜食用。由於主成分為一格，所以也不用擔心攝取過高卡路里。

tip 本道食譜的份量以1人份為基準，你可隨人數多寡進行調整。

材料　原味優格100ml（約1/2杯紙杯的含量）、蒜末1小匙、起司粉2大匙、蜂蜜1大匙

1　將所有材料放入碗裡拌勻即可。

Recipe

順口好滋味 ——
芝麻醬

芝麻醬的香氣濃郁，搭配帶有苦味或特殊氣味的蔬菜一起食用時，能夠增添風味。建議與略帶苦味的牛蒡、桔梗、沙蔘一起食用，除此之外，也可搭配蓮藕享用。

材料　芝麻5大匙、美乃滋3大匙、醋（或檸檬汁）、1大匙、醬油1小匙、
　　　蜂蜜1大匙

1　　以拇指和食指揉碎芝麻。亦可使用黑芝麻作為替代。

2　　將所有食材拌勻即可。

Recipe

清爽不膩口 ——
柚子醬

這道醬汁可說是魔法醬汁，光是和蔬菜拌在一起享用，就能使料理滋味
變得高級豪華。柚子醬本身帶有糖分，所以製作這道醬汁時，不用再另
外加糖。使用梅子醬或檸檬醬來代替柚子醬時也一樣，無需另外加糖。
柚子醬很適合搭配辣口的蔬菜食用，所以亦可活用為沙拉醬汁。

材料　柚子醬2大匙、醬油1大匙、醋1大匙
1　　將所有食材拌勻即可。

絞碎

不知不覺間就能攝取每日所需蔬菜量

　　將蔬菜切成小塊以後進行調理的最代表性食譜非炒飯莫屬，只要將切成小塊的蔬菜加入米飯一起拌炒，美味輕鬆卽成。炒飯配料多使用洋蔥、紅蘿蔔、南瓜等蔬菜，但我想推薦幾項並不常用於炒飯，同時沒有太強烈味道又能增添口感樂趣的蔬菜，例如：山藥與蓮藕。

　　若想感受不同的飲食樂趣，最簡單的方式就是在我們熟悉不已的料理中，加入一些蔬菜末，如此就能爲料理增添色彩，同時又能感受各種食材在嘴裡舞動的樂趣。而且蔬菜切成蔬菜末以後，粒子較小，不僅食用上無負擔，還能幫助我們在不知不覺間就吃下比平常更加多的蔬菜份量。如果覺得刀切方式麻煩，也可以用食物調理機或果汁機輕鬆處理。

Recipe

一次使用一整袋菌菇 ──
金針菇肉排

現在就請你試著將一些不常吃到的蔬菜切成末，然後加入肉排或肉餅這種以絞肉爲主的料理中。你可以利用週末時間，一次做好足夠的分量，等到每次要食用以前，再取出烹調即可。至於食材的選擇上，你可以只單用牛絞肉或豬絞肉，不過將牛絞肉與豬絞肉以1:1的比例調勻之後，再煎出來的肉排最爲可口，這是因爲單用牛絞肉時，口感稍硬，而單用豬絞肉時，肉排又會變得太油。

材料　金針菇1袋、牛絞肉80g、豬絞肉80g、洋蔥1/8個、豬排醬1大匙、
　　　麵包粉（麵粉）3大匙、胡椒少許
醬汁　豬排醬2大匙、醬油1小匙、果糖1大匙、水2大匙

1　將金針菇切掉根部以後，再切成碎末。洋蔥也切成末。
2　將金針菇與洋蔥放入乾鍋中，以中火拌炒3分鐘。要加入肉餡裡的食材必須先炒過，這樣才會增添風味，同時也避免蔬菜容易出水的現象。
3　將包含步驟2食材在內的所有食材放入大碗中攪拌均勻。
4　將絞肉整成圓形的肉排模樣後，放入以中火預熱完畢的鍋內，然後立刻轉小火慢煎。
5　當肉排邊緣開始熟白，且肉排底部變得金黃時，即可翻面。要視邊壓邊煎肉排的話，就會讓肉汁和美味都流失。確認肉排煎熟與否時，可用筷子插入肉排，若沒有流出血水，而是流出透明汁液，就表示肉排已經煎熟。如果想快速煎熟肉排的話，則可用鋁箔紙或鍋蓋蓋住，就能縮短煎肉排的時間。
6　醬汁部分則是把所有材料放入鍋中，再以大火煮開即可。豬排醬可以牛排醬或番茄醬代替。

Recipe

活用零碎蔬菜 ——
蔬菜烘蛋

這種烘蛋是一種義大利式蒸蛋，將蔬菜加入雞蛋和牛奶一起烹調而成，所以蔬菜吃起來的口感十分柔軟可口。這道料理綜合了雞蛋豐富的蛋白質、牛奶的鈣質、蔬菜的各種營養，只需一碗就能攝取到多種營養成分，不管是作為減重餐還是營養餐，都非常適宜。製作這道料理時，不用特地購買特定蔬菜，只需要把冰箱裡現有的蔬菜拿來烹調即可。

tip 除了蔬菜以外，還可以加入一點培根或雞胸肉來豐富口感。

材料 雞蛋2個、牛奶1/4杯、甜椒1/4個、鹽與胡椒少許

1 將雞蛋打入碗中，並以筷子攪拌均勻，然後再加入牛奶繼續拌勻。

2 將蔬菜切成一口大小，然後放入已經預熱過的鍋子裡拌炒。
   如果想保留咀嚼的樂趣，可以如右圖般，將蔬菜切得大塊一點。

3 將步驟2的食材放入烤箱也適用的碗裡，接著再將步驟1的蛋液倒在上頭，並加入鹽與胡椒調味。這裡亦可用香草鹽或香草粉、起司粉來代替鹽和胡椒，可增添異國風味。

4 將食材放入以190度預熱過的烤箱裡烤15分鐘。若手邊沒有烤箱的話，可以放入微波爐微波5分鐘，或將食材放入平底鍋裡，並蓋上蓋子，以中小火煎烤個10分鐘即可。

Recipe

活用一整顆萵苣 ——
山藥萵苣煎餅

這道料理讓人聯想到日本的大阪燒，除了大量利用到冰在冰箱裡那吃
不完的萵苣，還保有山藥黏糊糊的特性，就算不用添加太多煎餅粉，
也能煎出完美的煎餅形狀。由於食材裡含有顧胃的萵苣與山藥，能夠
舒緩因刺激性食物而疲弱的胃腸。

tip 可隨個人喜好搭配美乃滋、番茄醬、豬排醬等一
起享用，也可以搭配P193介紹的健康醬料唷！

材料 山藥100g（約一個拳頭大小）、萵苣葉3片、培根1條、雞蛋1個、
煎餅粉1/2杯、水1/2杯、鹽與胡椒少許

1 將山藥置於砧板上，然後以刮刀去除外皮。山藥有特殊黏性，易導致手
滑，刮除外皮時，請務必小心安全，肌膚敏感者，則請戴上衛生手套後
再來進行作業。

2 將去除好外皮的山藥切成小塊。

3 將萵苣葉和培根切成小塊。培根可用蝦仁等海鮮或五花肉來作替代。

4 將步驟2、3的食材放入碗中，然後打入雞蛋一起拌勻。
食材拌勻後，加入煎餅粉、水、鹽與胡椒，然後繼續攪拌均勻。

5 鍋子預熱完畢後，入油煎餅煎至兩面呈金黃色為止。
無須一口氣煎一面大餅，可以分次煎出適合入口大小的小餅，
不僅製作起來方便，也很方便食用。

"

「你做菜時，

還會大把大把地撒入一堆鹽嗎？」

"

不使用鹽的調味法

既然爲了健康而多多食用蔬菜，那麼在烹調時，最好可以少放點鹽，改以醬油等液體類的發酵食品來調味，能夠幫助我們吃得更健康。鹽只有在粒子接觸食材的部分才會滲入味道，所以會讓食用者誤以爲整道料理鹹味滲入不足，進而促使我們爲了調味，持續增加鹽的分量。相反地，若我們使用醬油或魚露等液體調味，則只需要放入少量，就能輕鬆包覆食材，同時也容易拌炒，所以能充分使味道滲入食材。因此，我建議先以液體類調味料來進行調味，若仍稍感不足，再加入少許鹽巴即可。

不過，炒飯或一些講求不能改變色澤的料理，就不適用醬油來進行調味，這時請不要直接用鹽巴調味，而以「鹽水」作爲解決之道，如此就能使鹽分如醬油般完整包覆食材，比單用鹽巴調味時的用量還要精簡。

全部使用

不要浪費食材，全部都予以食用

活用多樣蔬菜固然很好，但吃夠足夠的份量也很重要，這是因為不管我們吃再多種蔬菜，只要量吃的不夠多，一樣攝取不到充足的營養，為了解決這個難題，下面要介紹幾個幫助我們每一餐吃進大量蔬菜的方法。

從核心說起的話，要點就在於須將蔬菜當作「料理的主角」，而非加入一點點的蔬菜作為料理的「點綴」。由這個觀點起始來準備三餐的話，就會驚喜發現「哇！原來我一餐吃這麼多蔬菜！」，日後上市場買菜時，也會自然而然地培養起購買大量蔬菜的習慣，進而減少老是閒置一堆沒使用完的蔬菜在冰箱裡的問題。接下來要介紹幾項能夠輕易在超市購得，且價格低廉的蔬果給各位。

羽衣甘藍 一袋

・研磨成蔬果汁

不方便咀嚼時，當然是研磨成蔬果汁飲用最為方便。羽衣甘藍很適合與蘋果、柳丁、奇異果等酸酸甜甜的水果一起打成果汁飲用。

・像海苔一樣包飯吃

你可以將羽衣甘藍菜葉放入蒸籠蒸個1分鐘，然後取出包飯吃，口感柔軟且散發清香，包管你很快就會吃掉一大袋。你還可以利用蒸菜葉來包飯糰，美味的便當即成。

甜椒 一袋

・像水果一樣生吃

雖然我們經常將甜椒用為料理食材，但在國外卻有很多人將甜椒當作水果一樣生吃。其實生吃甜椒並不會有任何辛辣味，反而會因為食材本身的水分而感到清甜，相當適合作為零食或餐後甜點食用。

・切成小塊後，拿來炒飯

你可以將切成小塊的甜椒和其他蔬菜或海鮮、肉類等，入油鍋與米飯一起拌炒，然後以蠔油1小匙、醬油1大匙調味即可。在拌炒的途中，可能會因油份而開始黏鍋，這時請不用加油，加入鹽水就可讓食材維持滑潤的狀態。

・整個甜椒放入烤箱烘烤

作法很簡單，只要將甜椒洗淨後，放入已預熱過的烤箱裡烘烤即可。甜椒烤好以後，取出並以刀子或剪刀剪成小塊，立刻就能食用。烤過的甜椒，其特有的氣味會消失，並勾帶出更強的甜味，會讓人驚訝：「甜椒的味道竟如此高級？」你還可以將甜椒去蒂去籽，並把炒飯或馬鈴薯泥、起司等裝填到甜椒裡頭，然後放進烤箱烘烤，就成了另一種美味料理。

南瓜 一個

·加上配料作為隨手小零食

切成2cm厚的圓片以後，以湯匙將中間的南瓜籽刮除，接著再把自己喜歡的食材放到南瓜片上，然後放進蒸籠或微波爐蒸熟，就成了美味可口的隨手小零食。順手吃上個幾片南瓜小零食，很快就能吃掉一整個南瓜。配料方面，不管是搭配蝦泥或絞肉、番茄醬、披薩起司等，都非常合適，以我個人而言，我尤其喜歡搭配明太子與美乃滋的滋味。由於南瓜很容易蒸熟，大約蒸個7分鐘左右，就能熟透且維持口感不軟爛。

·蒂頭加水煮開

南瓜蒂頭可以拿來沖泡開水喝，不管以乾蒂頭或生蒂頭沖泡，都有消除水腫的功效，同時還有助消化，所以南瓜可說是絲毫沒有一處可浪費的全能食材。

洋蔥 一個

・醬煮成三明治配料

生洋蔥吃起來爽脆辛辣，但加熱過的洋蔥卻柔軟香甜。將洋蔥切絲以後，加入1大匙奶油或橄欖油拌炒，並加入巴薩米可醬（巴薩米可醋2大匙+果糖1大匙+鹽+胡椒）一同熬煮，過一會兒，原本飽滿鼓起的洋蔥就會軟縮下去。把這道醬煮洋蔥放入帕尼尼麵包或吐司麵包做內餡，就成了高級美味的巴薩米可洋蔥三明治。洋蔥本身帶有甜味，所以在料理時，無須另外加糖。

・放在墨西哥薄餅上做成輕食披薩

將洋蔥切成洋蔥絲或洋蔥圈後，鋪放在墨西哥薄餅上，接著淋上奶油或番茄醬、起司等醬汁以後丶，送進烤箱烘烤即可。如果想讓美味更升級，可先將洋蔥清炒過再鋪放到薄餅上頭做為輕食披薩的配料，如此能夠增添風味。

・研磨成濃縮各種營養的洋蔥汁

將切好的洋蔥與水放入電鍋炊煮，就能簡單製作出洋蔥汁。這時，不要丟掉洋蔥皮和洋蔥根，可以洗淨並一起加入炊煮。

番茄 一袋

‧去皮後做成果汁

番茄去蒂後，進熱水浸泡一下，就可以輕鬆剝掉外皮。剝好外皮的番茄不用加水，直接放進果汁機研磨，就成了100%的純天然番茄汁，由於已經剝掉外皮之故，所以果汁的口感非常滑順柔和。

‧作為辣炒年糕的醬汁

番茄醬不只能用做義大利麵的醬汁，還能作為辣炒年糕的醬汁。作法很簡單，只要將番茄加入平日使用的辣炒年糕醬汁裡一起熬煮即可，能夠減低辣味，讓不擅吃辣的人或小孩子們都能吃得津津有味，若欲追求更濃郁的醬汁風味，則添加點辣椒醬即可。醬汁裡加入披薩起司的話，就成了披薩年糕風味。

小黃瓜 一條

‧削成長條麵狀

只要拿刮刀將小黃瓜刮成長條後，就可以做為麵條的健康替代品，不管是加入水蘿蔔泡菜湯裡，還是放入豆芽湯裡都好吃，搭配調味醬做成拌麵也一樣可口。做成麵條吃的時候，以一半麵條、一半小黃瓜的比例來食用亦無妨。

‧做成小黃瓜汁

小黃瓜切塊後，可加水放入果汁機研磨成小黃瓜汁，能夠有效解渴。飲用時，可調和一點柚子醬或檸檬醬，便可使美味再升級。

‧切成小塊作為沙拉醬

只要將小黃瓜切成小塊，再和橄欖油、蒜頭、醬油、麻油等調勻，就成了一道清爽的醬汁。如果覺得製作醬汁麻煩，也可直接將小黃瓜加入市售的沙拉醬汁調勻即可。這道醬汁很適合搭配生菜沙拉、馬鈴薯沙拉、黃瓜沙拉一起享用，搭配墨西哥玉米餅或薄餅一起享用也很好吃。

結球甘藍 一顆

・把葉子當作盤子

結球甘藍的葉子可以用剪刀或手撕成一口大小，並做為一個小盤子來使用。不管是用來裝炒蔬菜，還是炒飯、炒蛋、麻婆豆腐、炒肉等，都很適宜。結球甘藍的口感清脆，又能適時舒緩食物的油膩感，吃多也不怕胃腸不舒服，而且因為水分充足，所以每一口都滑潤好入口。只要把菜葉當作盤子般盛取菜餚，就能幫助我們在每一餐吃下大量結球甘藍。

・切成細長麵狀

想要提高蔬菜攝取量，你不妨在炒肉、海鮮、蔬菜等各種食材時，加入切成長條狀的結球甘藍一起拌炒，炒麵時，也可減少麵條分量，改以結球甘藍替代。結球甘藍不管搭配何種調味料都很合適，只要稍微拌炒一下，就能吃出清脆爽口的好滋味。

青花椰菜 一個

‧以芝麻醬涼拌

雖然大家多把青花椰菜拌上醋辣醬食用，但其實以芝麻醬涼拌也相當好吃。只要將青花椰菜過熱水煮熟，再和芝麻醬一起攪拌均勻即可，美味不輸沙拉，是相當出色的一道小菜。芝麻醬的做法請參照P136。

‧打成汁後烹調

將牛奶與青花椰菜打成汁以後，可以用來烹煮湯品、奶油義大利麵醬汁、燉菜等料理。烹調途中還可加入一點生奶油，能使料理風味更加香醇。

‧加入飯裡

炊煮米飯時，可以切一些青花椰菜加入炊煮，煮熟的青花椰菜口感柔軟，和米飯十分相搭，而且還有助消化。若有吃剩的青花椰菜飯，之後可拿來煮粥，或是與蛋液攪拌均勻，入油鍋煎成煎餅也很好吃。

與其想著「從今天起，我一定要多吃點蔬菜！」，
不如告訴自己「今天下班以後，我要讓自己好好吃上一餐！」，
如此一來，改掉不好的飲食習慣就會變得容易許多。

是的，就是以往那些在下班之後，隨便以路邊攤食物果腹，
就這麼結束一天的習慣。

先別說那些習慣會讓我們變胖發福，還使得我們大小病痛不斷，
光是吃都不能吃得盡興，就足以讓人感到鬱悶。

希望各位能嘗試為自己做幾道菜，
並且從中體會到原來「為自己做道健康餐食」並不難。

我更希望各位在熟練以後，
不會被食譜捆手綁腳，
以後不管看到什麼蔬菜，都能懂得規劃：

「要怎麼煮這項蔬菜好呢？
打成汁？煎烤來吃？還是切成小塊好呢？」

PART 4

於日常生活中培養
對身體有益的蔬食習慣

能戒掉不好的飲食當然很好，但很難維持一輩子啊……

如果每一餐都能吃的健康，那自然是再好也不過了，

然而現實狀況中，卻很難讓我們達成這個目標。

在外需要應酬，

偶爾也會想要小酌一杯，

要是連這都不給放行，

那麼人活著還有什麼樂趣呢？

（何況這世上除了蔬菜以外，還有那麼多好吃的東西～呵呵）

所以我想介紹各位一些良好的飲食習慣，

讓我們能在一般日常生活之中，

輕鬆無負擔地享用美味蔬菜。

想要外食就外食，

無法推卻的應酬也無須拒絕，

更不用戒掉零食，

只要在維持你的日常生活以外，

再養成一個良好的飲食習慣，

就足以讓我們活得更加健康。

外食

無須抗拒或躲避，只需要改變飲食習慣

就算我們下定決心減重，就此吃個一兩個月沙拉，但應
酬聚餐卻是無法避免。出外工作，多的是必須出席的應
酬場合，此外，也還要出門和戀人或朋友約會，避免不
了外食的機會。舉我個人的例子來說，每當在電視上看
到美食名店介紹，就會忍不住直接探訪那些店家。既然
外食避免不掉，那麼從中找出一個能吃得健康的方法才
是最賢明之舉，下面要介紹的就是幫助大家減少「良心
譴責」的良好飲食習慣。

那些幫助我們在外食時，也能保持健康的習慣

一些在我們外食時也能輕鬆執行的小小習慣，只要持續不懈，也能守護我們的身體健康。

晚餐約會時，就挑選這些菜單！

若你有選擇晚餐的機會，那麼請以蔬菜、海鮮、蛋白質為主來進行挑選。建議你選擇涮涮鍋，或沙拉、豆腐料理、生魚片、蒸螃蟹、烤貝類等飲食。

別想著等等還要繼續吃，只吃眼前的食物。

上館子時，總有小菜上桌，到了烤肉店，又供有包肉生菜，而自助餐餐廳則會提供沙拉吧，這麼多種菜色，實在沒辦法每樣都挑來吃，所以我們要做的就是專注在眼前的蔬菜，告訴自己「就是這個時候吃！」。我認為這是最簡單，也是最經濟、最不花成本的蔬食習慣，而且這個習慣並非要我們不吃其他東西，而是要我們在吃飯時「再多吃點蔬菜」，光是做到這一步，就是很好的開始。想要再更一步提升蔬食習慣的話，不妨嘗試「先從蔬菜吃起」，像是去自助餐餐廳吃飯時，第一盤先從蔬菜為主開始吃起，之後再取用其他想吃的食物即可。當我們從蔬菜開始吃起以後，就能減少後頭油膩食物給胃腸帶來的負擔，同時還能幫助排除體內的鈉。

小心鹹味湯頭

為了健康，多吃蔬菜以助排除體內的鈉固然重要，但減少攝取含鈉的湯水也很重要。在煮湯的時候，建議可多加一點水，就算之後飲用時稍嫌味道淡而不足，只要多喝幾口，很快就會適應其味道，而且因為湯水分量增加，也會讓我們收斂飲用份量，不勉強自己把所有湯水喝個精光。

肚子已經飽足，但食物還剩下一點點時

我個人向來是吃飯絕對要吃到撐為止，所以才剛開始有點飽腹感時，就要馬上放下碗筷這件事，對我來說有如登天之難。為了不讓自己飲食過量，我嘗試過最有效的方法就是在肚子開始有飽腹感之際，開始思考是否該把剩下的食物都吃光，這時我會問自己「這些食物對我的肌膚有幫助嗎？」、「這些食物能幫助我排便嗎？」、「這些食物的營養豐富嗎？」，倘若思索過後導出的答案為否，那麼我就會果斷停止繼續進食，相反的，若剩下的食物對身體有益，那麼我就會把它吃完。

酒

喝酒也不會致胖的飲食習慣

雖然大家都說喝酒是致胖主因，但其實因為酒水而致胖或浮腫的事例卻不多（這裡指的是適當飲酒的狀況下），真正致胖的因素是下酒菜與解酒餐。喜歡喝酒的你，無須因為減重而戒酒，只要活用蔬菜來改變下酒菜和解酒餐的飲食習慣，你也能享受飲酒樂趣。

泡出蔬菜營養成分的酒

外頭餐飲店所提供的下酒菜多爲高卡、高脂、高鹽飲食,而如今在家獨飲流行的時期,大多數人則是習慣以超商販售的零食、炸雞、披薩等鈉含量與碳水化合物超高的東西作爲下酒菜,無一不對身體產生傷害。爲了身體健康,建議可將下酒菜改爲調味料用量少的海鮮或堅果、海苔、明太魚乾或海鮮乾貨、蔬果等物。

不過,如果這樣的改變仍有困難的話,你可以試著這樣做:一般的下酒菜裡都有幾片蔬菜或水果(再怎樣也會有裝飾用蔬菜。家庭下酒菜則是使用冰箱裡現有的蔬菜。)將這些蔬果泡在酒裡並飲用。還記得前面介紹過的「蔬果礦泉水」嗎?兩者原理是相同的。由於酒也是液體,所以把黃瓜、紅蘿蔔、小番茄等泡在酒裡頭時,蔬菜裡的礦物質會滲入酒中,雖然酒的滋味不會有太大改變,但因礦物質溶入酒裡,有助加速解毒,隔天身體也較不會浮腫。此外,每喝一杯酒,就喝一杯水的習慣,也有助我們透過排尿快速排出體內的酒精。

適合獨飲時搭配的下酒菜食譜

在外喝酒時，下酒菜可選擇的空間雖不大，但至少在家獨飲時，我們就有辦法準備較爲營養健康的下酒菜。接下來要介紹的就是健康家庭下酒菜食譜，你只需要在把酒水放進冰箱冷藏的這段時間，就能飛快做出美味營養的下酒菜。這幾道下酒菜做法雖簡單，但滋味卻十分可口，用來招待客人也毫不遜色。

Recipe

滑嫩甜口的波菜炒蛋

相信很多人吃菠菜都是以涼拌小菜的方式食用，其實菠菜一經炒熟就會軟縮起來，所以我們能夠一口氣大量攝取，而且香甜的味道更是一股好滋味，只要搭配雞蛋一起拌炒，就成了蛋白質豐富的下酒好菜。如果手邊沒有菠菜的話，也可用茼芹、韓國芝麻葉、水芹等代替，料理這道下酒菜時，還可依據個人喜好追加點培根或蝦仁等副食材，就能讓菜色變得更加豐富。

材料　菠菜1/4捆、雞蛋2個、牛奶3大匙、鹽與胡椒少許

1　　將菠菜切成3～4cm長的段狀。

2　　將雞蛋打入碗內，並加入牛奶、鹽、胡椒攪拌均勻。
　　　亦可用1小匙咖哩粉代替鹽來調味。

3　　將奶油或1大匙橄欖油倒入以中火預熱過的鍋中，然後放入菠菜翻炒。
　　　此時可加入一點起司粉或香草粉來增添風味。

4　　倒入步驟2的蛋液，並以筷子進行攪拌，
　　　等到雞蛋變熟呈現香滑狀態時，即可盛盤。

Recipe

像烤牛肉那樣煎烤食用 ——
燒烤雞胸肉茄子

我們絕大多數都是在晚間飲酒，因此最好避開碳水化合物，以蛋白質為主的下酒菜作為搭配最適宜。最具代表性的高蛋白質食物以雞胸肉莫屬，我們可將雞胸肉切成薄片後，以煎烤牛肉片般的方式進行烹調。雞胸肉若切得太厚，口感會堅硬難入喉，但如果切成薄片，再搭上香烤蔬菜的話，就會變得很好入口。

tip 這裡可使用冰箱內現有蔬菜來做搭配，如此既可清光冰箱裡的剩餘食材，同時又可享受多種選擇的飲食樂趣。

材料 雞胸肉1塊、茄子1個、鹽與胡椒少許

1   將茄子、雞胸肉切成薄片。

2   於以中火預熱過的鍋中塗抹上一層食用油，然後將食材一片片平舖在鍋裡。食用油放的再多，都會被茄子吸掉，為了減少過多油量攝取，僅需要使用少量食用油。

3   當食材兩面煎成金黃色時，撒上少許鹽和胡椒調味。
     亦可用香草鹽代替食鹽。

Recipe

高級料理的滋味 ——
炒蝦仁蘆筍

在以前，蘆筍這項食材只能在餐廳裡吃到，但現在已是家庭內也可享用的常見食材，各大超市皆有販售。蘆筍含有豐富的蘆筍酸，有助肝臟解毒，並幫助舒緩宿醉與疲勞恢復，最適合拿來做下酒菜。蘆筍搭配蝦仁一起拌炒時，不僅味道相搭，還能補充蛋白質與鈣質，以營養層面來說，也是最合襯的組合。

tip 亦可拿冰箱裡現有的肉類來搭配蘆筍拌炒，不管是牛肉還是豬肉都適合。

材料　蘆筍2根、蝦子5隻、鹽與胡椒少許

1　將蘆筍切成4~5cm長的段狀。

2　蝦子去殼備用，亦可使用已處理完畢的蝦仁代替鮮蝦。
　　手邊沒有蝦子的話，也可以魷魚等海鮮作為替代。

3　將奶油或1大匙橄欖油倒入以中火預熱過的鍋中，
　　然後將蝦子與蘆筍平舖在鍋內香煎。

4　當蝦子變熟呈現紅色的狀態時，撒上鹽與胡椒並輕輕翻炒食材即可。
　　蝦肉本身略鹹，所以調味時，請不要放入太多鹽。
　　此時可加入一點起司粉或香草粉來增添風味。

Recipe

清淡爽口 ——
蜜漬生栗小番茄

生栗有利尿功能，有助於解除宿醉。一般超市普遍售有已剝好殼的生栗仁，其鬆脆的口感搭配水分飽滿的小番茄，最適合拿來製作這道簡便又有特殊風味的下酒菜。

tip 如果覺得準備蜂蜜或檸檬汁太麻煩的話，可以改用黃桃罐頭。光是把罐頭裡的水蜜桃、栗子、小番茄放在碗裡混和均勻後，再加上一點冰塊就成了好吃美味的下酒菜。

材料　生栗6個、小番茄6個、蜂蜜2大匙、檸檬汁2大匙

1　　將生栗與小番茄各自切半。
2　　加入蜂蜜與檸檬汁攪拌均勻即可。

"
「飲酒翌日才是問題所在。
沉重不已的腦袋、浮腫起來的臉蛋…
到底怎麼辦才好？」
"

如何解酒？

很多人在飲酒翌日，會食用泡麵、解酒湯、炒碼麵等來舒緩不舒服的胃腸，也有些人會在飲酒過後想吃油膩的東西，特地食用披薩、義大利麵、漢堡來解酒，還有些人會吃解酒飯或各種小吃來填補前一晚就開始感到空虛的肚子，可是其實這種解酒方式，根本沒有辦法幫助身體快速恢復，因為這些食物裡，並沒有幫助解毒與舒緩宿醉所需的營養成分。我個人最推薦的解酒方法是「蔬果汁」，蔬果汁不僅能即刻補充水分到受酒精刺激而乾荒的肌膚裡，蔬菜的營養還能快速分解毒素，因此能夠幫助身體盡快解除酒毒，並感到神清氣爽。我還記得我在向人推薦以蔬果汁解酒時，有不少人都搖著頭說不可能，但嘗試過這個方法的人卻異口同聲表示效果顯著。

下面要介紹幾道對解酒特別有效的食譜，你會發現在吃解酒湯之前，飲用蔬果汁與否對解酒效果的影響差距甚大。要是你覺得直接研磨飲用的過程太麻煩，亦可飲用咖啡廳裡販售的鮮榨果汁。

Recipe

有助肝臟解毒 ——
韭菜＋蘋果汁

在「東醫寶鑑」中，韭菜被記載為「護肝蔬菜」，有助強化肝功能。不只如此，韭菜還能淨化血液、使粗糙的皮膚變得光滑，並緩解浮腫，最適合拿來研磨成蔬果汁飲用。不過單喝韭菜汁的話，味道有點辣口，所以在這道食譜中，加入味道爽口且富含維他命的蘋果一起研磨，以調和其口感。蘋果亦可用柳丁或梨子、奇異果等富含果汁的水果代替。

材料 韭菜5根、蘋果1/2個、水350ml
1 　將韭菜和蘋果切成適當大小。
　　蘋果去蒂即可，外皮無須削掉。
2 　將所有材料和白開水放入果汁機打成蔬果汁即可。
　　如果喜歡濃郁的口感，也可用優格代替開水。

Recipe
有效解渴 ——
波菜＋梨子汁

菠菜是最具代表性的綠黃色蔬菜，富含葉綠素，能夠淨血明目，還含有豐富的β-胡蘿蔔素、維他命、纖維質、葉黃素等，營養價值極高。搭配上水分含量高的梨子一起研磨成蔬果汁，能夠有效解渴，並促進利尿作用，加速排除體內的老廢物質。

tip 使用於生菜沙拉或果汁等生食用的菠菜，需挑選莖短葉小者，味道才會好吃。大株的菠菜質韌且風味較淡，適合烹煮後再食用。

材料　菠菜1/5捆、梨子1/2個、蜂蜜1大匙、水400ml
1　　將梨子去皮去蒂後，切成適當的大小。菠菜一切成適當的大小。
2　　將所有材料放入果汁機打成蔬果汁即可。
　　　可隨個人喜好加入適量蜂蜜。

Recipe

為疲憊的身體補充元氣 ——
水芹＋柳丁汁

相信你一定聽過水芹有很好的解毒功能吧？沒錯，水芹有助改善肝功能，並排出體內的老廢物質，能夠提升身體活力。在這道食譜中，水芹搭配柳丁更加突顯了清爽的口感，同時因富含維他命，對於肌膚美容與疲勞恢復很有助益。柳丁亦可用橘子或葡萄柚代替。

材料　水芹5根、柳丁1個、水350ml

1　將去皮的柳丁和水芹切成適當的大小。水芹連莖帶葉全部都使用。

2　將所有材料放入果汁機打成蔬果汁即可。

　　可隨個人喜好加入適量蜂蜜。

調味料與醬汁

你是否正吞下大量鈉成分？

醬料、醃黃蘿蔔、酸黃瓜、泡菜等小菜，正是我們攝取過多鹽分的主犯。不管我們吃再多的新鮮蔬果和營養餐食，只要不減少攝取鹽分，體內已累積鹽分的排出速度將趕不上攝取的速度，如此一來，我們身體就會感到沉重與浮腫。

針對這個問題，建議各位在吃進搭配各種調味料或醬料的餐點時，可以將生鮮蔬菜打成泥後，與醬料調和，也可使用醋或檸檬汁增添微酸口感，或使用香草來增添風味，這是因為當酸味與香氣增強後，就算不加鹽，也能吃出食物的美味。另外，使用醬料時，建議不要整個拌入食物裡，改用蘸取的方式，每次只蘸取一點點，就能減少攝取過多份量。

兼顧健康與美味！

在眾多醬料中，有3種幾乎是居家必備，同時也很難被取代的醬料，那就是番茄醬、美乃滋、黃芥末醬。這3種醬料可說是每個人必定會使用到的醬料，所以以此作為基礎，我們可以添加一些蔬果，使醬料變得更加營養。接下來要介紹的食譜，不僅作法簡單，又能兼顧營養與美味，讓平凡的醬料變得高雅不凡。

・番茄醬＋番茄

煎蛋和煎火腿的好伙伴，番茄醬！你可嘗試以1：1的比例在番茄醬裡加入番茄汁或切成小塊的番茄，若是覺得番茄的味道略酸，也可先將番茄炒過再加入番茄醬內調和。加入番茄汁或番茄丁的番茄醬，風味更加濃郁，美味更顯高級。

・美乃滋＋優格

當我們在吃生菜沙拉等生鮮蔬果時，經常會搭配美乃滋食用，不過想要吃得更健康的話，建議不要只使用油脂和鹽分含量高的美乃滋，可以1：1的比例將美乃滋和原味優格調和均勻後食用。美乃滋加入微酸的優格以後，味道會變得更加清爽，同時因美乃滋減量之故，卡路里也隨之減低，對我們的身體也較無負擔。建議首選無糖或原味優格來進行搭配，不過使用甜味或水果風味的優格也無妨。

這樣調和出來的醬料，能運用在許多料理上，像是用來塗抹三明治麵包，或是可加入馬鈴薯泥和水煮蛋一同拌勻成沙拉吃，都很好吃。

・黃芥末醬＋柳丁

黃芥末醬是很常見的醬料，最近不管是炸雞店或牛排店，都會提供黃芥末醬給顧客使用，另外黃芥末醬也很常被用來作為三明治的麵包抹醬，而味道最適合拿來搭配黃芥末醬的水果就是柳丁。在這道食譜中，你可以將柳丁汁或切成小塊的柳丁果肉以1：1的比例加入黃芥末醬後拌勻使用，柳丁亦可用橘子代替。這道醬料可作為沙拉淋醬或蛋包飯淋醬使用。

・豬排醬＋白蘿蔔

豬排醬融合了酸甜鹹味，強烈的風味非常刺激味蕾，與白蘿蔔泥以1：1的比例調和以後，不僅能維持原本的風味，還能讓口感變得更加順口，而且白蘿蔔也有助消化。這道醬料搭配炒飯一起拌炒也很好吃。

零食

這世界上也有有益健康的零食

我原本也是屬於「甜點是裝在另一個胃」主義的信奉者，每次吃完飯，一定要吃個甜點才行，不管是冰淇淋，還是蛋糕、巧克力、餅乾等等，全都來者不拒。各位一定也很喜歡甜蜜蜜的零食吧？每當工作疲憊時、每個月生理期時，我們總會特別想吃甜食，在吃完鹹食以後，也會享用甜點來緩和嘴裡殘存的鹹味。

減重與維持身體健康的最重要因素並非「忍住不吃」，而是「吃得有多健康」，所以你無須責怪擋不住零食誘惑的自己，更無需勉強自己按耐口腹之慾，只要選擇健康美味的點心即可，畢竟這世上仍有越吃越健康的零食。

"
「想要吃點什麼的時候，
就使用『蔬菜Chance』吧！」
"

幾個良好的零食享用習慣

‧無法完全戒掉甜點的話，也請不要爲此產生壓力，不如改在正餐前先吃甜點，以避免過度進食。

‧餐後飲料盡量避開奶昔等高熱量飲料，改飲用香草茶或美式咖啡等飲料。

‧當我們過於忙碌，沒有辦法好好吃一餐時，又或者是肚子覺得有一丁點餓時，總是會到超商尋找東西果腹，此時請不要選擇泡麵、三角飯糰、餅乾、巧克力等食物，改選擇營養健康的東西來享用。現今超商販售的東西多元，不管是香蕉、水煮蛋，或者各種水果等，都能輕鬆購得，只要牢記這一點，就能幫助你改善飲食習慣。

‧最大的問題並非饑餓而吃的餐食，而是嘴巴閒著發慌而吃下肚的零食。試想，在等公車時、在家看電視時、久坐在辦公桌前時……要是伸手就能拿到巧克力或餅乾的話，就有可能在不知不覺間吃了一大堆下肚，畢竟和吃飽就停筷的正餐不同，零食這玩意兒總是讓人一口接著一口，吃個不停。所以接下來要介紹幾項健康零食食譜，你可以將做好的健康零食隨身攜帶，不管是帶到電影院還是辦公桌前，每次食用都幫助你提高蔬菜攝取量。

Recipe

高蛋白零食 ——
水煮黑豆

豆子的種類有很多種，諸如：白豆、黑豆、豌豆、扁豆等等，其中最易取得的就屬黑豆，我們可利用黑豆來製作健康零食。很多人會把黑豆加入米飯一起炊煮，也會把黑豆做成小菜，但是把黑豆煮熟後，放在小筒裡面，隨手當作零食取用則又有另一番滋味。黑豆含有豐富的花青素，有益毛髮與眼睛健康，還能幫助排除體內的老廢物質。

tip 黑豆有很多吃法，可放入牛奶像麥片般食用，也可和牛奶一起打成奶昔，更可以拿來烹煮成豆漿湯麵的湯頭。此外，放入鍋中乾炒後食用，也很好吃。各種吃法，任君選擇。

1　將黑豆清洗2~3遍後，放入冷水浸泡3~4小時。
2　將黑豆放入沸水中煮10分鐘，然後取出盛盤以散熱冷卻。請勿丟棄煮黑豆的湯水，該湯水有解毒作用，能夠消除身體浮腫。
3　將冷卻後的黑豆以密閉容器放入冰箱冷藏保存，想吃的時候，即可隨時取出當作零食享用。

Recipe

卡滋卡滋 ──
蔬菜乾

超市販售的蓮藕乾、地瓜乾、栗子乾等蔬果乾,在家也可輕鬆製作。
蔬果一經乾燥處理,水分就會蒸發,口感變得清脆,且食物纖維、鈣
質等營養成分會直接濃縮保留在蔬果乾裡,原本豆子的苦澀味也會消
失,長時間保存更是沒有問題。然而,藉由日光曬乾費時良久,而且
空氣中也有濕氣,容易導致發霉,所以一般會使用乾燥機或烤箱、微
波爐等進行乾燥處理。不過,最為簡便的乾燥方法就是利用平底鍋乾
煎,一般家庭皆適用。這道食譜就是以乾煎方式製作而成的蔬菜乾。

1   將香菇切成0.5cm厚的片狀,並在水分擦乾後,鋪放在平底鍋上。

2   先以中火乾煎,直到熱氣上升,再轉為中小火續煎。

3   當香菇漸漸乾縮,且底部開始變色時,即可翻面續煎。此時請勿蓋上鍋蓋。
    蔬菜裡的水分若沒蒸發掉,則鍋裡會有水氣產生。

4   最後以大火翻炒,將剩餘水分都炒乾。

5   以此方式可製作香菇乾、葉菜乾、根莖蔬菜乾,製作出來的蔬菜乾需放入密
    閉容器,並以冰箱冷藏或冷凍保存,想吃的時候再取出食用。

Recipe

有助暖身 ——
蔬果茶

蔬果茶的做法很簡單，只要把按照前面食譜所製作而成的蔬果乾加熱水沖泡，就成了美味的蔬果茶。溫熱的蔬果茶能夠暖身，有助提升新陳代謝，是非常健康的茶飲，而且其味道淡雅芳香，光是嗅聞都會讓人心情良好。只要將蔬果乾放入杯中，並用熱水沖泡就能泡出蔬果茶，拿來招待客人也不失禮。

那麼，想喝蔬果茶，但又很難在家進行蔬果乾燥處理的話怎麼辦呢？最簡單的方式就是將自超市購得的白蘿蔔乾、南瓜乾、乾香菇等沖泡熱水！請丟棄掉這些蔬菜乾只能做小菜吃的偏見，試著沖泡為蔬果茶喝，你一定會驚喜發現「怎麼會有這麼好喝的茶飲！」

欲培養蔬食習慣，

無須勉強自己去實踐遠大且艱難的目標，

要做的只是將日常生活中就可以執行的小小習慣貫徹到底。

你不用強迫自己更改掉自己的生活方式，

只要在日常中增加蔬菜的攝取量。

假如今天突然很想吃炸雞？

不打緊，那就吃吧！

不過，請記得把隨炸雞附贈的醃蘿蔔丟到一旁，

改搭配結球萵苣或生菜沙拉一起享用吧！

嘴饞想吃辣呼呼的泡麵時，

不要自責，想吃就儘管吃，

不過要記得把冰箱裡的青菜拿出來和泡菜一起烹煮，

調味包也要記得放少一點。

你也許會懷疑這樣有何幫助，

但就是從小處做起，一樣一樣積累起來，

才能一日又一日，一年又一年地延續下去。

等到1年過後，

你再回頭觀察我們的身心，

是否和以往有顯著的不同呢？

EXTRA NOTE

附錄

蔬果保存法：冷凍與前置

冷凍保存法

蔬菜買回來以後，最理想的狀態就是立刻食用完畢，但有時我們購買的量太大，又或者是購買的種類太多，一時之間無法全部使用，就得另行保存。這個時候，冷凍保存是最基本的保存方法，只要事先掌握冷凍保存的要訣，就能把所有蔬菜打點完畢，方便之後隨取隨用。

茄子、蓮藕、山藥等蔬菜

這幾種蔬菜請勿整根放進冰箱冷凍，可事先切好再冷凍保存，這是因為當蔬菜解凍以後會出水，反而不易刀切。冷凍保存之前，請先規劃這幾種蔬菜的用法，然後再切成適當的模樣，例如：將煮大醬湯用的南瓜切成四方形、燒烤用的南瓜切片等。另外，比起袋裝保存，建議使用鋪好廚房紙巾在底部的密閉容器來保存為佳，將蔬菜以Z字形疊放，之後取出時較容易分離。

葉菜類

菠菜、牛皮菜、冬寒菜等葉菜類一經冷凍，葉子部分就會凍壞，所以最好先把葉菜類川燙並擰乾水分，然後依照每次烹調用量分裝在夾鏈袋後，放進冰箱冷凍保存。收進夾鏈袋時，記得平舖在袋內，之後才方便取出解凍。

果汁用蔬果

請將果汁用蔬果去除外皮後，切成大塊並放入冰箱冷凍保存。冷凍保存的蔬果再取出打成蔬果汁時，無須另外添加冰塊，也可做成清涼的蔬果汁。

FRAP 保存法

所謂的「FRAP」，就是將食材處理成可以直接拿來烹調的前置作業。當我們把食材事先做好處理，之後就能大幅節省料理所需時間。近來超市普遍販售「咖哩料理包」、「辣魚湯料理包」等煮食包，就是可以直接拿來料理的組合，而我們在保存蔬菜時，也可以比照這樣的方法，做好料理前置處理，方便日後取用時節省料理時間。

可以立刻食用的罐裝沙拉

製作罐裝沙拉時，可把所有即食食材清洗後，切成適當大小並裝入玻璃瓶或密閉容器中冷藏保存，不管在結束忙碌的一天之後，作爲簡單的一道晚餐，還是外出攜帶時享用，都非常適合。享用罐裝沙拉時，可以另外盛盤食用，也可直接開罐立即享用。如果想要讓沙拉有配料作爲點綴，可在裝進主食材之前，先將其他配料鋪在罐子最底部後，再一一裝進主食材。

果汁用蔬果也用杯裝

咖啡廳的商品展示櫃中常見一杯杯裝的美美的水果，其實我們在家也可像咖啡廳那樣，將處理好的蔬果依分量分裝在杯中，每次要喝的時候，只要取出放進果汁機裡打成果汁即可！是不是很方便呢？

將料理食材集中在一起保存

舉例來說，大醬湯的食材有南瓜、豆腐、馬鈴薯、洋蔥等項，我們可把這些食材切成適當大小，然後放入標有料理名稱的夾鏈袋或密閉容器中，接著送進冰箱保存即可。每次要料理時，就可隨時從冰箱取出烹調。至於粥或炒飯等食材，亦可用相同方式進行前置處理。

洗滌、處理、保存法

以下為本書中提及的所有蔬果洗滌、處理、保存法。

·茄子

洗滌：浸泡在鹽水中，然後輕輕搓揉外皮，並以流動的清水洗淨。

處理：切掉蒂頭時，稍稍將葉子往上提起後切除，盡量保留整個茄肉。茄子的紫色外皮無須去除，為連皮帶肉皆可料理的蔬菜。

保存：以保鮮膜包好後，放進冰箱冷藏保存即可。

· 馬鈴薯

洗滌：第1次先泡在水裡洗淨泥土，接著再用流動的清水沖洗後擦乾。

處理：以刮刀去除外皮，然後再拿刀子將發芽或變色部分剔除乾淨。

保存：帶皮保存時，請放在籃子或箱子裡，保存於陰涼處。去皮保存時，請分開用保鮮膜一個一個包好，並放進冰箱冷藏保存。

·芥菜

洗滌：將葉菜浸泡在小蘇打粉水裡洗滌，最後再用流動的清水一片一片沖洗乾淨。

處理：將變色的菜梗尾端切除

保存：以廚房紙巾將菜葉包裹以後，裝進乾淨塑膠袋內，並放物冰箱裡的蔬果冷藏室保存。

·地瓜

洗滌：以流動的清水做第1次清洗，接著浸泡在洗米水裡並將外皮髒汙清除掉之後，再以流動的清水沖洗乾淨。

處理：清掉殘根，之後連皮一起調理。

保存：以報紙包裹起來後進行保存。如果外皮上的泥土還沒清掉，就放置在陰涼處保存，洗過的地瓜則是放進冰箱冷藏保存。

・辣椒

洗滌：先將蒂頭摘除，然後把辣椒放到小蘇打粉水（或醋水）裡頭，並將外皮髒汙清除掉之後，再以流動的清水沖洗乾淨。

處理：整根保存，或按照料理規劃切成適當大小。

保存：以報紙或廚房紙巾包裹起來以後，放入乾淨的塑膠袋裡，或以保鮮膜包裹起來，然後放入冰箱冷藏保存即可。如果預期保存時間較長，請放入密閉容器內，並改以冷凍保存。

・橘子

洗滌：以粗鹽搓洗外皮後，再以流動的清水沖洗乾淨並擦乾。

處理：依據料理規劃保留或剝除外皮。

保存：以保鮮膜一個一個把橘子包裹起來後，放進冰箱冷藏保存。

・韓國芝麻葉

洗滌：將芝麻葉放入小蘇打粉水內清洗，然後再以流動的清水將芝麻葉一片一片沖洗乾淨。

處理：將變色的菜梗底部切除。

保存：以廚房紙巾包裹起來以後，裝入乾淨的塑膠袋裡並放進冰箱的蔬果冷藏室保存。

・南瓜

洗滌：放入食鹽水裡浸泡並搓洗外皮，等到將外皮髒汙清除掉之後，再以流動的清水沖洗乾淨。

處理：請勿去除外皮，此為可連皮使用的蔬菜。

保存：將南瓜切半並去籽，然後以保鮮膜包裹起來並放入冰箱冷藏保存即可。以保鮮膜進行包裹時，若連同廚房紙巾一起將南瓜包裹起來，則南瓜保存狀態會更良好。

・紅蘿蔔

洗滌：以流動的清水做第1次清洗，接著浸泡在洗米水裡並將外皮髒汙清除掉之後，再以流動的清水沖洗乾淨。

處理：清掉殘根，之後連皮一起調理。

保存：以報紙包裹起來後進行保存。如果外皮上的泥土還沒清掉，就放置在陰涼處保存，洗過的紅蘿蔔則是放進冰箱冷藏保存。

・檸檬

洗滌：以粗鹽搓洗外皮後，再以流動的清水沖洗乾淨並擦乾。

處理：依據料理規劃保留或剝除外皮。

保存：以保鮮膜一個一個把檸檬包裹起來後，放進冰箱冷藏保存。

・山藥

洗滌：於流動的清水底下以柔軟的菜瓜布輕輕擦拭表皮。

處理：將山藥放在砧板上，一邊滾動一邊刮除外皮。此時因山藥會產生黏液，黏液含致癢成分，請戴上手套進行處理。

保存：以保鮮膜包裹起來以後，放入冰箱冷藏保存。

・蒜苗

洗滌：將蒜苗放入小蘇打粉水內清洗，然後再以流動的清水將菜葉一片一片沖洗乾淨。

處理：切成適合入口的大小後，放進沸水川燙或略加輕炒。

保存：以保鮮膜包裹起來後，放入冰箱冷藏保存，或川燙後放入冰箱冷凍保存。

・白蘿蔔

洗滌：以粗鹽搓洗外皮後，再以流動的清水沖洗乾淨並擦乾。

處理：依據料理規劃保留或剝除外皮。

保存：以保鮮膜包裹起來後，放進冰箱冷藏保存。

‧水芹

洗滌：放入小蘇打粉水內清洗，然後再以流動的清水沖洗乾淨。

處理：根據料理規劃切成適當大小。

保存：菜梗與菜葉分開切好後，以廚房紙巾分別包裹起來並放進乾淨的塑膠袋裡，
然後放入冰箱冷藏保存。

‧梨子

洗滌：放入小蘇打粉水內清洗，並將外皮髒汙清洗乾淨。

處理：去籽去蒂後再行調理。

保存：以保鮮膜包裹起來後，放進冰箱冷藏保存。

‧香菇

洗滌：以流動的清水稍稍沖洗之後，再以廚房紙巾吸乾或輕輕擦乾水分。

處理：將沾有泥土的根部切除，其他部分則皆可進行調理。

保存：由於香菇容易吸水，須以報紙包裹起來，盡量不要碰到任何水分，然後放入冰
箱冷藏保存即可。

‧韭菜

洗滌：放入醋水內清洗，然後再以流動的清水沖洗乾淨。

處理：剪除根部萎爛的部位。

保存：以報紙或廚房紙巾包裹起來後，放進冰箱冷藏保存。

‧青花椰菜

洗滌：將青花椰菜放入小蘇打粉水內清洗，最後再以流動的清水沖洗乾淨。

處理：將菜梗與花朵部分分別切開後，再依照料理規劃切成適當大小。切開花朵時，
若是從上方下刀，容易將花朵切碎，故請從下方下刀。

保存：以廚房紙巾包裹住花朵部分，並以保鮮膜包裹住菜梗以後，
放入冰箱冷藏保存。

·甜菜

洗滌：將甜菜放入鹽水內並輕輕搓洗表皮，然後再以流動的清水沖洗乾淨。

處理：甜菜顏色很深，很容易染色，初步處理時，請先不要去除外皮，

等到切除好所需部分以後，再來去除外皮。

保存：以保鮮膜包裹起來後，放進乾淨的塑膠袋裡，然後放進冰箱冷藏保存。

若不用保鮮膜包起來的話，水分很容易蒸發掉，甜菜會變得鬆軟。

·蘋果

洗滌：將蘋果放入小蘇打粉水內清洗，並將外皮髒汙清除掉之後，

再以流動的清水沖洗乾淨。

處理：去籽去蒂後，再依據料理規劃進行調理。

保存：以保鮮膜包裹起來後，放進冰箱的蔬果冷藏室裡冷藏保存。

·生菜

洗滌：將生菜放入小蘇打粉水內清洗，然後再以流動的清水將菜葉一片一片沖洗乾淨。

處理：切除菜梗變色的部位。

保存：以廚房紙巾包裹起來並放進乾淨的塑膠袋裡，然後放入冰箱裡的蔬果冷藏室

內保存。

·生薑

洗滌：於流動的清水底下以柔軟的菜瓜布輕擦拭表皮。

處理：以鋁箔紙球或菜瓜布仔細刮除外皮。

保存：依照料理規劃，將生薑切成碎丁，並放入冰箱冷凍保存，或以報紙將整個生薑

包裹起來，然後放入冰箱冷藏保存。

·芹菜

洗滌：將芹菜放入醋水內清洗，然後再以流動的清水沖洗乾淨。

處理：將葉菜與菜梗分別切開後，再將菜梗的纖維部分切斷。

保存：以廚房紙巾將菜葉包裹起來並放進乾淨的塑膠袋裡，菜梗則以保鮮膜
包裹起來，然後放入冰箱冷藏保存。

・茼蒿

洗滌：將茼蒿放入醋水內清洗，然後再以流動的清水沖洗乾淨。

處理：將萎爛掉的菜葉或菜梗切除掉。

保存：以報紙或廚房紙巾包裹起來後，放進冰箱冷藏保存。

・菠菜

洗滌：將菠菜放入小蘇打粉水內清洗，然後再以流動的清水沖洗乾淨。

處理：將根部切除，並將斷面以刀劃出十字形，然後把黏在一起的菜葉一片一片分開
來。畫出十字的斷面再用流動的清水沖洗一遍。

保存：將水分拭乾，在沒有水氣的狀態下，以報紙或廚房紙巾包裹起來後，放進冰箱
冷藏保存，也可先經川燙以後，把水分擰乾並放入塑膠袋或容器裡，進行冷凍保存。

・蘆筍

洗滌：將蘆筍放入醋水內清洗，然後再以流動的清水沖洗乾淨。

處理：將堅韌的尾端切除，並將堅硬難咬的纖維部分以刀子挑掉。

保存：以保鮮膜包裹起來後，放進冰箱冷藏保存，或切成適當大小並川燙後，
放進冰箱冷凍保存。

・南瓜

洗滌：將蒂頭去除掉，再將南瓜放入小蘇打粉水裡並將外皮髒汙清除掉之後，
再以流動的清水沖洗乾淨。

處理：切成適當的模樣後，再依照料理規劃進行調理。無須去除綠色外皮，
請連皮使用。

保存：以保鮮膜包裹起來，或放入密閉容器後，再放進冰箱冷凍保存。

・結球甘藍(紫甘藍)

洗滌：先將甘藍切半，然後將菜葉一片一片分開來，並放入小蘇打粉水內清洗，
然後再以流動的清水沖洗乾淨。

處理：以手撕除菜葉，會比用刀切還能減少營養流失。

保存：未將菜葉分離的狀態下，以保鮮膜包裹起來後，放入冰箱冷藏保存。若菜葉已
一片一片分開來，則以廚房紙巾包裹起來後，再放入冰箱冷藏保存。

・萵苣

洗滌：先將萵苣切半，然後將菜葉一片一片分開來，並放入小蘇打粉水內清洗，
然後再以流動的清水沖洗乾淨。

處理：以手撕除菜葉，會比用刀切還能減少營養流失。

保存：未將菜葉分離的狀態下，以保鮮膜包裹起來後，放入冰箱冷藏保存。若菜葉已
一片一片分開來，則以廚房紙巾包裹起來後，再放入冰箱冷藏保存。

・洋蔥

洗滌：將頭尾兩端切除，然後剝除外皮。接著將洋蔥放進裝了清水的碗裡清洗，
最後再以流動的清水沖洗乾淨。

處理：先將整顆洋蔥切半，然後再依照料理規劃切成適當的模樣。

保存：帶皮保存時，請放在箱子裡，並以報紙包裹好，保存於陰涼處。去皮保存時，
請分開用保鮮膜一個一個包好，並放進冰箱冷藏保存。

・蓮藕

洗滌：於流動的清水底下以柔軟的菜瓜布輕輕擦拭表皮。

處理：若蓮藕為已去除外皮的狀態，則將蓮藕浸泡在醋水中一會兒，或於沸水中
加入幾滴醋後，進行川燙。

保存：以保鮮膜包裹起來後，放進冰箱冷藏保存。

‧柳丁

洗滌：以粗鹽搓洗外皮後，再以流動的清水沖洗乾淨並擦乾。

處理：依據料理規劃保留或剝除外皮。

保存：以保鮮膜一個一個把柳丁包裹起來後，放進冰箱冷藏保存。

‧小黃瓜

洗滌：將小黃瓜放入小蘇打粉水內清洗，小黃瓜表皮突起有點粗糙，最好戴上橡皮手套來進行清洗。

處理：用刀子將表皮突起的部分輕輕刮除。

保存：以保鮮膜包裹起來後，放進冰箱冷藏保存。

‧牛蒡

洗滌：於流動的清水底下以柔軟的菜瓜布輕輕擦拭表皮。

處理：牛蒡的表皮很薄，用刀子輕輕刮個幾下，就很容易將外皮刮除掉。不過牛蒡具有去掉外皮以後，很快就會產生褐變現象的特徵，所以刮除完外皮的牛蒡需先浸泡在醋水裡，或先經川燙，再依料理規劃拿來烹調。

保存：以保鮮膜包裹起來後，放進冰箱冷藏保存。

‧葡萄柚

洗滌：以粗鹽搓洗外皮後，再以流動的清水沖洗乾淨並擦乾。

處理：依據料理規劃保留或剝除外皮。

保存：以保鮮膜一個一個把葡萄柚包裹起來後，放進冰箱冷藏保存。

‧菊苣

洗滌：將菊苣放入醋水內清洗，然後再以流動的清水沖洗乾淨。

處理：將萎爛掉的菜葉或菜梗切除掉。

保存：以報紙或廚房紙巾包裹起來後，放進冰箱冷藏保存。

・羽衣甘藍

洗滌：將羽衣甘藍放入小蘇打粉水內清洗，然後再以流動的清水將菜葉一片一片沖洗乾淨。

處理：將變色的菜梗尾端切除掉。

保存：以廚房紙巾包裹起來後，放進乾淨的塑膠袋內，然後再放入冰箱裡的蔬果冷藏室保存。

・奇異果

洗滌：由於切開奇異果時，果皮上的絨毛可能會沾黏到果肉裡，所以請先將奇異果放入小蘇打粉水內搓洗過。

處理：將奇異果的外皮去除以後，再依照料理規畫進行調理。

保存：用保鮮膜一個一個包好，並放進冰箱冷藏保存。

・番茄(小番茄)

洗滌：將蒂頭去除以後，將番茄放入小蘇打粉水內清洗，然後再以流動的清水沖洗乾淨。

處理：蒂頭部分容易殘留農藥，所以在將蒂頭去除以後，一定要再清洗一次。

保存：在瀝乾水份且沒有水氣的狀態下，放進底部鋪有廚房紙巾的容器裡，
並以冷藏保存即可。

・甜椒

洗滌：將蒂頭去除以後，將甜椒放入小蘇打粉水內清洗，然後再以流動的清水沖洗乾淨。

處理：先將甜椒切半，然後用手去籽去芯，並以流動的清水沖洗乾淨。

保存：以保鮮膜包裹起來後保存。

・鳳梨

洗滌：果皮無須清洗。

處理：將果皮和果芯切開以後，把果肉切成適當的大小。

保存：裝進密閉容器後，放入冰箱冷藏保存。.

·青椒

洗滌：將蒂頭去除以後，將甜椒放入小蘇打粉水內清洗，然後再以流動的清水沖洗乾淨。

處理：先將甜椒切半，然後用手去籽去芯，並以流動的清水沖洗乾淨。

保存：以保鮮膜包裹起來後保存。

蔬食，是一切的答案：

顛覆素食印象的美味食譜！一天增加一點蔬果，就能改變 99% 的皮膚與體況問題

作　　者／洪性蘭
主　　編／蔡月薰
翻　　譯／馬毓玲
企　　劃／蔡雨庭
封面製作／楊雅屏
內頁編排／郭子伶

總編輯／梁芳春
董事長／趙政岷
出版者／時報文化出版企業股份有限公司
108019 台北市和平西路三段 240 號 7 樓
發行專線／ (02)2306-6842
讀者服務專線／ 0800-231-705、(02)2304-7103
讀者服務傳真／ (02)2304-6858
郵撥／ 1934-4724 時報文化出版公司
信箱／ 10899 台北華江橋郵局第 99 信箱
時報悅讀網／ www.readingtimes.com.tw
電子郵件信箱／ books@readingtimes.com.tw
法律顧問／理律法律事務所 陳長文律師、李念祖律師
印　刷／勁達印刷有限公司
初版一刷／ 2023 年 2 月 17 日
初版三刷／ 2024 年 7 月 5 日
定　價／新台幣 420 元

時報文化出版公司成立於一九七五年，並於一九九九年股票上櫃公開發行，
於二〇〇八年脫離中時集團非屬旺中，以「尊重智慧與創意的文化事業」為信念。

蔬食，是一切的答案：顛覆素食印象的美味食譜！一天增加一點
蔬果，就能改變 99% 的皮膚與體況問題 / 洪性蘭作；馬毓玲翻譯.
-- 初版. -- 臺北市：時報文化出版企業股份有限公司, 2023.02
　面；　公分
ISBN 978-626-353-391-2(平裝)

1.CST: 蔬菜食譜 2.CST: 素食 3.CST: 健康飲食譜

427.3　　　　　　　　　　　　111021903